植物的前世
今生与未来

ZHIWUDEQIANSHI
JINSHENGYUWEILAI

吴波◎编著

集知识、故事、欣赏于一体！
生物爱好者必备！

完全
典藏版

探索生物密码

中国出版集团
现代出版社

图书在版编目（CIP）数据

植物的前世今生与未来／吴波编著．—北京：现代出版社，2013.1（2024.12重印）
（探索生物密码）
ISBN 978 – 7 – 5143 – 1030 – 6

Ⅰ.①植…　Ⅱ.①吴…　Ⅲ.①植物 – 青年读物②植物 – 少年读物　Ⅳ.①Q94 – 49

中国版本图书馆 CIP 数据核字（2012）第 292922 号

植物的前世今生与未来

编　　著	吴　波
责任编辑	刘　刚
出版发行	现代出版社
地　　址	北京市朝阳区安外安华里 504 号
邮政编码	100011
电　　话	010 – 64267325　010 – 64245264（兼传真）
网　　址	www. xdcbs. com
电子信箱	xiandai@ cnpitc. com. cn
印　　刷	唐山富达印务有限公司
开　　本	710mm×1000mm　1/16
印　　张	12
版　　次	2013 年 1 月第 1 版　2024 年 12 月第 4 次印刷
书　　号	ISBN 978 – 7 – 5143 – 1030 – 6
定　　价	57. 00 元

前 言

　　不论你置身于大自然的原野美景中，还是在欣赏千姿百态的园林植物景观，映入我们眼帘的都是各种各样性状不一的绿色植物。可你是否想过，这些植物都是经过几十亿年的进化才来的。

　　本书以通俗的语言，融知识性、趣味性为一体，向青少年朋友介绍植物的起源与进化过程。目的是通过了解植物的进化，激发青少年热爱植物，热爱科学的热情，更好地为祖国服务。在植物进化过程中，虽然有许多物种已经绝灭了，但是在今天的世界上，从原核植物蓝藻到最高等的维管植物、被子植物，一共十几个门类，都有现存的代表。

　　植物是有生命的，它除了具有生命的特征外，它一样有繁殖、有遗传、有生死，甚至有喜怒哀乐情感。有一种叫"细叶紫薇"的植物，当人们抚摩它时，它的枝叶会摆动不止。"含羞草"只要一触动它，它的叶子就马上收拢起来……

　　植物是地球上最低级的生命，是其他生物生存的最基本能源。为我们人类提供了赖以生存的全部粮食、蔬菜、水果等。据估计，全世界可食用的植物有75 000种之多。约有10 000余种药用植物至今仍为发展中国家80%的人口的健康服务。此外，植物也是地球生态系统平衡的重要因素。植物的种类愈多，人类对其影响愈小，则生态系统愈稳定。所以合理地利用和保护植物的多样性，对人类生活有着重要的现实意义。

植物在进化中由于长期受到不同环境的影响，植物界形成了数十万种植物。无数类型的遗传性状，犹如一个庞大的天然基因库，蕴藏着丰富的物种资源，是新物种形成的基础，是自然界中最珍贵的财富，等着我们去探索，去开发，去挖掘。

　　了解植物的进化过程，进而有效地保护植物，就是保护我们自己！

目　录

原始藻类时代

蕨类植物时代

裸子植物时代

原始藻类时代

　　研究发现，海洋是生命的摇篮，海洋中最早出现的植物是蓝藻，它们也是地球上最早的植物。它们在结构上比蛋白质团要完善得多，但是与现在最简单的生物相比却要简单得多，它们没有细胞的结构，连细胞核也没有，所以被称为原核植物。如今在古老的地层中还可以找到它们的残余化石。

植物起源于海洋

　　如今的地球，万物展现着生命的活力，到处都有生物的足迹。可是，大约在 45 亿年前，地球表面却是怪石嶙峋，褐色的地表，暗黑色的海水裸露在光天化日之下。每当旭日初升，海面和地表瞬间浓雾腾起，灼热的地面到处云遮雾罩。大气中没有氧气，地面上没有色彩，地球上没有生命，到处是一片荒漠，一片死寂！

　　大约在 38 亿年前，当地球的陆地上还是一片荒芜时，在咆哮的海洋中就开始孕育了生命，也就是最原始的细胞，其结构和现代细菌很相似。大约经过了 1 亿年的进化，海洋中原始细胞逐渐演变成为原始的单细胞藻类，这大概是最原始的生命。

　　科学家为了验证生物的起源，在 1861 年，俄国化学家布特列洛夫把一个碳氢化合物（甲醛）溶解在石灰水里，在温暖的地方停放了一段时间之后：

这些东西变甜了。也就是说，甲醛在石碳水中竟变成了糖。这个现象令人想到原始海洋里的条件。

一个惊人的实验在 1952 年成功了。美国科学家米勒用甲烷、氨、氢和水蒸气混合成一种与原始地球大气基本相似的气体，他把这气体放在抽成真空的玻璃仪器中，通过连续进行火花放电，来模彷原始地球大气层的闪电。一星期之后，在这种混合体中得到了 5 种构成蛋白质的重要氨基酸，这些都是活体组织中的主要组成部分。

生物起源于海洋

米勒的实验室震动了科学界。因为，在自然界中，由甲烷，氨、氢和水蒸气变成氨基酸该经过几百万年。米勒让人们在他的实验室中观测到在自然界因变化速度太慢而无法看到的物质变化现象。原始地球上的物质变化在他的实验室里得到了再现。

由此植物起源于海洋的观点，被广大学者普遍接受。就是在极其漫长的时间内，由非生命物质经过极其复杂的化学过程，一步步演变而成生命物质。大致可分四个阶段：一是从无机小分子生成有机小分子的阶段，即生物起源的化学进化过程是在原始的地球条件下进行的；二是从有机小分子物质生成生物大分子物质；三是从生物大分子物质组成多分子体系；四是有机多分子体系演变为原始生命。

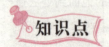

知识点

植 物

植物是生命的主要形态之一，包含如树木、灌木、藤类、青草、蕨类、地衣及绿藻等熟悉的生物。一般由叶绿素、基质、细胞核等组成，没有神经系统。分藻类、地衣、苔藓、蕨类和种子植物，种子植物又分为裸子植物和被子植物。

据估计现存大约有350 000个物种，其中的287 655个物种已被确认，有258 650种开花植物和15 000种苔藓植物。

 延伸阅读

生物的演化过程

生物的演化指生物与其生存环境相互作用，使其遗传结构发生改变，并产生相应的类型。也指事物由简单到复杂，由低级到高级逐渐发展变化。

在演化过程中，目前已知的化石纪录中，最早生命遗迹是出现在约38亿年前，原核单细胞生物则出现在33亿年前。到了22亿年前，才出现最早的真核单细胞生物，如蓝绿菌。6亿年前藻类与软体无脊椎动物出现。在此之前的年代称为前寒武纪。

古生代是由5.43亿年前到5.1亿年前所发生的寒武纪大爆发开始，此时大多数现代动物在分类上的门已经出现。之后海中藻类大量出现，而且植物与节肢动物开始登上陆地。最早的维管束植物在4.39亿到4.9亿年前出现。接着是硬骨鱼类、两栖类与昆虫的出现。3.63亿年前到2.9亿年前，维管束植物开始发展成大型森林，同时最早的种子植物与爬虫类出现，并由两栖类支配地球。最后爬虫类开始发展，并分化出类似哺乳类的爬虫类，随后发生二叠纪灭绝事件，古生代结束。

中生代开始于2.45亿年前，这时以恐龙为主的爬虫类与裸子植物逐渐支配地球。1.44亿年前到6500万年前，开花植物出现，最后中生代结束于白垩纪灭绝事件。

6500万年前之后则称为新生代，哺乳类、鸟类与能够为开花植物授粉的昆虫开始发展。开花植物与哺乳动物在这段时间取代了裸子植物与爬虫类，成为支配地球的生物。可能是人类祖先的类人猿出现在360万年前，直到10万年前，现代人才诞生。

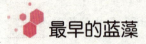

最早的蓝藻

距今约 32 亿年前，在原始海洋里，已经出现了细菌和简单藻类的单细胞生物。如今还广泛存在的蓝藻，仍然保留着当初那种原核生物状态。这种蓝藻是地球上最早出现的植物。它们在结构上和现在最简单的植物相比要简单得多，它们没有细胞的结构，连细胞核也没有，所以被称为原核生物。

在盛夏季节，人们经常在湖泊里、池塘里，甚至小水洼里，会看到一种绿色的东西，因为颗粒太小，肉眼根本就看不出个数，只会看到碧绿的一片，那就是蓝藻。20 世纪 60 年代，美国科学家爱尔索·巴格霍恩在南非特兰斯尔的无花果树群浅燧石岩中，发现了类似细菌和蓝藻的微生物化石。据测定，这些蓝藻化石距已经有 34 亿年之久。这就是蓝藻成为植物祖先的最可靠证据。到了前寒武纪时，是蓝藻的疯狂发展时期，因此有的学者将这个时期称为"蓝藻时代"。

蓝藻有极大的适应性，分布很广。在淡水和海水中，潮湿和干旱的土壤或岩石上、树干和树叶上，温泉中、冰雪上，甚至在盐卤池、岩石缝中都有它们的踪迹；有些还可穿入钙质岩石或介壳中或土壤深层中。在热带、亚热带的中性或微碱性生境中生长旺盛。有许多种类是几乎遍布各种生态环境，如陆生的地耳，不仅在热带、亚热带、温带有，在寒带甚至南极洲也有。已知的蓝藻大约 2000 种，中国有记录的大约 900 多种。

蓝藻属于藻类生物，又叫蓝绿藻，因其细胞壁外面有一层黏滑的胶质衣，因此又叫黏藻。在所有植物中，蓝藻是最简单、最原始的一种。它是一种单细胞生物，没有细胞核，但是在细胞的中央却有一种核物质的东西，一般呈颗粒状或者网状，染色体和色素均匀地分布在细胞质中。该核物质没有核膜和核仁，但却具有核的功能，因此被称为"原核"，属于原核生物。

在蓝藻中，凡含叶绿素 A 和藻蓝素量较大的，细胞大多呈蓝绿色。也有少数种类含有较多的藻红素，藻体多呈红色，如生于红海中的一种蓝藻，名叫红海束毛藻，由于它含的藻红素量多，藻体呈红色，而且繁殖得也快，故使海水也呈红色，红海便由此而得名。

由于蓝藻的结构过于简单又极其微小，所以关于它的分类问题一直困扰着从事生物研究的科学家们。多数人认为，蓝藻属于藻类植物，是地球上出现的最早的绿色植物。也有科学家主张蓝藻不属于植物界，因为它没有真正意义上的细胞核。还有人认为，蓝藻具有双重性。一个是光合作用，因为它带有叶绿素，从这个角度看它就是一种植物；另外它比较微小，是一种细菌，所以它是植物性和细菌性的结合体。但就其能进行光合作用这一特点，多数人还是主张把放入植物范畴内。

由于蓝藻的不断发展，形成了后来巨大的藻类家族。有人认为：开始由最原始的蓝藻发展为裸藻，接着裸藻向两个方向发展，一支演化为甲藻，另一支演化为绿藻。甲藻则经隐身藻演化为黄藻。还有人认为，原核生物的蓝藻经由三个途径向真核生物进化：一个是从原核的蓝藻进化到真核的红藻；第二个是先由蓝藻进化到比较原始的甲藻和隐身藻，进而发展到较高级的黄藻、金藻、硅藻和褐藻等；第三个是由蓝藻发展为原绿藻、白裸藻、轮藻等藻类植物。无论哪种观点，都生动地说明了蓝藻的历史地位。

到距今18亿~13亿年前这一段时间里，出现了有细胞核的真核生物——绿藻等。以后接着又有了红藻、褐藻、金藻……它们组成了绚丽多彩的藻类世界。真核生物的出现，预示着一个熙熙攘攘的生命大繁荣时期即将到来。

由于原始藻类的繁殖，并进行光合作用，产生了氧气和二氧化碳，为生命的进化准备了条件。这种原始的单细胞藻类又经历亿万年的进化，产生了原始水母、海绵、鹦鹉螺、蛤类、珊瑚等，海洋中的鱼类大约是在4亿年前出现的。

 知识点

细　胞

细胞一般由质膜、细胞质和核构成，是生命活动的基本单位。已知除病毒之外的所有生物均由细胞所组成，但病毒生命活动也必须在细胞中才能体现。一般来说，细菌等绝大部分微生物以及原生动物由一个细胞组成，即单细胞生物；高等植物与高等动物则是多细胞生物。

细胞可分为两类：原核细胞、真核细胞。但也有人提出应分为三类，即

把原属于原核细胞的古核细胞独立出来作为与之并列的一类。研究细胞的学科称为细胞生物学。世界上现存最大的细胞为鸵鸟的卵子。

延伸阅读

蓝藻对有氧环境的贡献

约35亿年前的地球，大气没有氧气，正是蓝藻的出现，彻底改变了大气的成分，从这个意义上说，蓝藻是地球伊甸园的开拓者。

蓝藻是地球上最早的光合放氧生物，对地球表面从无氧环境变为有氧环境起了巨大的作用。它不但默默地为地球提供着氧气，而且还是目前地球大气圈的主要缔造者之一，在地球生物多样性的形成过程中，起着关键的作用。

我们知道，动物和植物大多数都要靠吸收氧气才能生活，离开氧很快就会死亡。地球上出现的蓝藻，数量多，繁殖快，在新陈代谢中能把氧气释放出来。蓝藻的出现在改造大气成分上做出了惊人的贡献。

在漫长的10亿年中，它们使大气中的氧含量不断增加，氧含量的增加是生命发展的必然条件，就这样一个世纪过去了，几千年过去了，生物的结构越来越完善，它们对生存条件也越来越适应，但是它们所需要的营养却越来越少。这种缺乏有机物质的不利条件逼得一些原始有机体逐渐获得了能用无机物质（二氧化碳和水）"制造"出能够营养自身的物质，在进一步发展中又获得了吸收太阳光的本领。它们利用日光能分解碳酸气，用其中的碳，在自己身体里制造出有机物质。与此同时，大气中的氧含量逐渐增加，环境不断变化，新的生物类型就产生出来。距今15亿年前左右，这些简单的生物体内就出现了细胞核，在海水中又出现了红藻、绿藻等植物的新类型。

带有原生核的蓝藻

有细胞结构的原始生物里最低等的是细菌。比细菌略高一等的是藻类植物中的蓝藻。

蓝藻和细菌有一个共同点，它们都属于原核生物，细胞里没有真正的核。它们都是单细胞生物或者是单细胞集成群体。它们都只能用细胞分裂的方式繁殖。所以过去的分类学上曾经把细菌和蓝藻合在一个门里，叫裂殖植物门。

但是蓝藻和细菌还是有比较大的区别，蓝藻比细菌更高明些。细菌除部分自养的以外，大多营腐生或寄生生活。蓝藻却是用自养的方式生活。细菌即使是自养的，都用二氧化碳和硫化氢作原料进行光合作用，制成糖类放出硫。蓝藻的光合作用却和今天的绿叶植物基本上相同，也是用二氧化碳和水作原料，制成糖类放出氧。所以现在的分类学把蓝藻分在植物界，作为植物界的一门——蓝藻门，尽管它出现的年代还是在动物和植物分化之前。

现在已经知道的最古老的蓝藻化石是在非洲东南部斯威士兰系地层里找到的，年代距今大约32亿年。这些化石直径1~4微米，具有折叠的近于球形和蝶形的形状。

从蓝藻的一些化石看出，最原始的蓝藻是一些简单的单细胞球状蓝藻。太古代的蓝藻大概都属于这一种类。太古代末期到元古代，大约在距今25亿~17亿年前，出现了一种丝状蓝藻，细胞直径0.6~1.6微米之间，丝长可达几百微米，这是单细胞集合成的群体。以后蓝藻又分化发

蓝藻

展；有念珠状的，有三面互相垂直的立体型的；有的仍是单个的单细胞，有的也集合成群体；丝状体有横生的，有竖立的，有连锁的等等。

在元古代的震旦纪，蓝藻非常繁盛，所以有人把这一时期叫作蓝藻时代。

蓝藻的细胞里有细胞质，中央部分有核酸，但是没有核膜。细胞膜外有细胞壁，一般由纤维素和果胶质组成，外面包有胶质鞘，起保护作用。

蓝藻细胞里含有很多的细胞色素，除叶绿素外，还有藻蓝素、藻红素、胡萝卜素、叶黄素等，都分散在细胞四周。所以它能进行光合作用。

不过它贮藏的不是植物淀粉，而是动物淀粉，也叫糖元。这一点是和绿叶植物不同的。

原始的蓝藻能在无氧条件下生活，并且不怕太阳光里的紫外线，所以它们

能在原始大气里生活。它通过光合作用释放氧气，为给大气提供氧气立下了汗马功劳，给死气沉沉的地球带来了生机。

蓝藻本身也逐渐从适应缺氧的环境向着适应有氧的环境发展了。

现代的蓝藻大约有 1000 种，绝大部分生活在淡水和海水里，也有的生活在湿土、岩石和树干上。少数种类的蓝藻能生活在 85℃ 以上的温泉里，也有能生活在终年积雪的极地的。

知识点

核　酸

许多核苷酸聚合成的生物大分子化合物，为生命的最基本物质之一。核酸广泛存在于所有动物、植物细胞、微生物内、生物体内核酸常与蛋白质结合形成核蛋白。

核酸大分子可分为两类：脱氧核糖核酸（DNA）和核糖核酸（RNA），在蛋白质的复制和合成中起着储存和传递遗传信息的作用。核酸不仅是基本的遗传物质，而且在蛋白质的生物合成上也占重要位置，因而在生长、遗传、变异等一系列重大生命现象中起决定性的作用。

核酸在实践应用方面有极重要的作用，现已发现近 2000 种遗传性疾病都和 DNA 结构有关。如人类镰刀形红血细胞贫血症是由于患者的血红蛋白分子中一个氨基酸的遗传密码发生了改变，白化病患者则是 DNA 分子上缺乏产生促黑色素生成的酪氨酸酶的基因所致。肿瘤的发生、病毒的感染、射线对机体的作用等都与核酸有关。20 世纪 70 年代以来兴起的遗传工程，使人们可用人工方法改组 DNA，从而有可能创造出新型的生物品种。如应用遗传工程方法已能使大肠杆菌产生胰岛素、干扰素等珍贵的生化药物。

延伸阅读

植物分类的各级单位

为了建立分类系统，必须确定分类的各级单位，常用的单位有界、门、纲、目、科、属、种。界是最高级单位，种是最基本单位。

在上述各级分类单位中，依据实际需要，又可分更细的单位，如亚门、亚纲，亚科、亚属、组、变种、变型等。现以马尾松为例，说明它在分类系统中的地位：

"种"是分类学的基本单位，是具有相似形态、表现一定的生物学特性和要求一定生存条件的无数个体的总和，在自然界占有一定的分布区。因此，每一个"种"都有自己的特定的本质特性，并以此区别于其他"种"。

由于同一种所包括的无数个体，在其分布区内，经受着不同环境不同条件的影响，因而发生各种各样的变异，某些个体积累了一定数量的、稳定的、可遗传的新的变异特性时，便会在种的内部发生变异，产生出变种。如大果山楂，因果较山楂大而列为变种。

具有相近亲缘关系的种，集合为一属，由相近亲缘关系的属组合成科，由相近的科组合成目。如此类推，由目组成纲，由纲组成门，由门组成界。

真核藻类的出现

细胞发展可分为两个阶段，即原核细胞和真核细胞。从原核细胞发展到真核细胞，是生物从简单到复杂的一个转折点。

所有原核生物，包括细菌和蓝藻，都始终停留在原始的单细胞阶段，至多是集合成群体，没有再向前发展。只有从真核细胞才能发展出多细胞生物，只有真核细胞才会分化出不同的形态和机能。这是因为真核细胞的结构比较复杂，细胞核里有复杂的染色体，细胞质里有复杂的细胞器；而且不仅细胞结构复杂化，它的控制体系也复杂化，这是真核生物所以能向高等生物发展的基本原因。原核细胞只能用二等分分裂方式繁殖，真核细胞却开始有有性生殖。

具体体现这一个转折点的，正是在藻类植物的进化中。藻类植物中最低等的一门——蓝藻门是原核生物，而其他一些门却都属于真核生物。

现在藻类根据不同形态特征和生活方式，分成7大门。除蓝藻外，还有绿藻门、裸藻门（也叫眼虫藻门）、甲藻门、金藻门、褐藻门、红藻门。绿藻门又分绿藻和轮藻两个纲，金藻门又分黄藻、金藻、硅藻3个纲。现在倾向于把

绿 藻

这几个纲都升到门的一级，那就有 10 个门了。

这些真核藻类是什么时候最早出现的，哪一种真核藻类最早出现，以后又是怎样分化的，哪些分化在前，哪些分化在后，这些问题，现在还不能明确回答。

现在找到的最古老的真核藻类化石出现在元古代震旦纪，距今大约 13 亿年前。美国加利福尼亚州南部的一处地层里发现有一些类似绿藻的球形单细胞藻类和丝状藻类，细胞直径 14 ~ 18 微米之间，细胞中间有黑点，可能就是细胞核。我国河北省西部一处地层里也找到一些单细胞球形藻类和丝状藻类，球形藻类的细胞直径 25 ~ 60 微米，细胞中央有一个细胞核，可能属于原始的单细胞红藻。

在距今 9 亿年前的澳大利亚西北部的一处地层里，找到过单细胞长核的绿藻，有的细胞正在分裂之中，并且可能已经有减数分裂，说明有了性的分化。

我们也可以从现有的各门真核藻类来研究它们的进化历史。

现有的真核藻类植物，绿藻门有 6700 种，裸藻门有 450 种，甲藻门有 1000 种，金藻门有 6000 种，褐藻门有 1500 种，红藻门有 3700 种。

从细胞的构造来看：裸藻只有单细胞的种类；绿藻、甲藻、金藻有许多单细胞体和单细胞群体，也有真正的多细胞体；红藻除少数是单细胞体外，绝大多数是多细胞体，褐藻现在只有多细胞体，没有单细胞体，人们认为单细胞体褐藻大概已经绝灭了。

裸藻就是我们前面提到过的眼虫藻，有眼点，能营光合作用，但是不能自制有机氮化合物，能腐生吸取外界的氨基酸。它没有细胞壁，具有鞭毛，能游动，这说明它兼有一些原生动物的特性，是比较早期分化出来的。

甲藻和金藻比较接近，它们都比裸藻进步，但是比之其他门，相对来说要简单得多。它们很多具有鞭毛，能自由游动。在本门中的不同种类之间，也可以看出植物体结构从简单向复杂的方向发展，从自由游动向不游动的方向发展。在金藻门的黄藻纲和硅藻纲里，有性生殖是比较普遍的。但是它们没有像一般孢子植物那样的无性世代和有性世代相互交替的现象，也没有向茎叶方向分化的趋势。

裸藻、甲藻和金藻，人们认为它们都属于低等藻类，分化出来以后，发展比较缓慢。

在藻类植物的各种性状中，所含的细胞色素种类占有比较重要的位置，可以从这里看出一些进化的亲缘关系。比如蓝藻和红藻都含有藻蓝素和藻红素，而其他藻类都不含这两种色素，这说明红藻和蓝藻的亲缘关系更接近，红藻是直接从蓝藻进化来的，或者说它从蓝藻分化出来的时间应该比其他各门都早。又比如裸藻和绿藻都含有色素叶绿素甲和叶绿素乙，而其他藻类却只含有叶绿素甲，这说明绿藻和裸藻的亲缘关系比较接近。

褐藻和红藻，现代已经有发展到比较高等的种类，如褐藻中的海带，红藻中的紫菜，是大家比较熟悉的。褐藻中的马尾藻，红藻中的红叶藻，都有茎、叶的高度分化。

绿藻是藻类植物中最庞大的一门，它既有原始的种类，又有高等的种类。所以一般认为它可以作为真核藻类向上进化的主干看待。

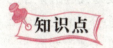

知识点

氨基酸

　　氨基酸是构成蛋白质的基本单位，含有氨基和羧基的一类有机化合物的通称。是构成动物营养所需蛋白质的基本物质。是含有一个碱性氨基和一个酸性羧基的有机化合物。

　　在生物界中，构成天然蛋白质的氨基酸具有其特定的结构特点，即其氨基直接连接在 α–碳原子上，这种氨基酸被称为 α–氨基酸。在自然界中共有300多种氨基酸，其中 α–氨基酸21种。α–氨基酸是肽和蛋白质的构件分子，也是构成生命大厦的基石之一。

植物分类的必要性

　　植物种类繁多，目前在世界上已被发现和记载的有36万多种，我国就有高等植物3万种以上，其中木本植物7000多种（包括乔木2000多种）。这样多的植物，没有科学方法去鉴别，就无法进行利用，甚至还因误认而发生不良后果。例如，调味的八角和毒八角（莽草），形态十分相似，若无分类知识，难以区别，误食之，易中毒。进行森林资源调查，如不能识别树种，就不能正确估算各类林木的木材蓄积量以及各类林副产品的数量和质量；进行造林规划，选择速生树种，都必须识别植物。因此，植物分类学的首要任务，就是要辨别多种多样的植物，加以命名和描述，便于人们在生产实践和生活中应用。

　　经过人类的长期生产实践和植物学家的研究，已经清楚地认识到，现在生存的植物种类，是经过长期对环境的适应，不断复杂化、完善化而来的，这就是生物的进化过程。因此，现代生存的植物，虽然多种多样，但研究它们的来源，莫不都有其共同的祖先，植物与植物之间，也存在着或远或近的亲缘关系。因而植物分类学的任务还要研究植物的亲疏远近，把它们分门别类，建立一个足以说明植物亲疏关系和进化顺序的分类系统，以便人们去鉴别和利用。

　　掌握植物分类知识，不仅能辨别植物，还可利用植物亲缘的关系进行植物引种、育种和寻找植物资源。一般来说，亲缘关系愈相近的种类，它们的形态和性能就愈相似，也可能具有相似的化学成分和物理性质。因此，在科学研究中，可以根据某种植物体内含有某种物质（如：芳香油、生物碱、橡胶等），或具有某种性能，推知相似的种类亦可能存在某种物质和性能，如印度萝芙木是夹竹桃科、萝芙木属的一种，其根含生物碱，能治高血压。

多细胞藻类的形成

　　绿藻是一些草绿色的藻类，从绿藻中的一些有代表性的种类，可以看出它们从单细胞体向单细胞群体、再向多细胞体发展的过程。

最原始的绿藻可以衣藻作为代表。衣藻是卵形的单细胞体。细胞壁含有纤维素。细胞中央有一个核。被一个碗形的叶绿体包着。细胞的一端有两根鞭毛，是运动的器官。这一端的旁边有红色的眼点，是一个感光的器官。眼点和鞭毛相配合，使衣藻趋向有光的方向运动，因此可以说这一端是细胞的前端。像这样细胞有了前后端的分化，我们就说它具有极性。

比衣藻稍复杂的是盘藻、实球藻、空球藻和团藻，它们都是由类似衣藻的细胞组成的群体。盘藻由 4 个或 16 个细胞组成，细胞排列在一个平面上，有鞭毛的一端都朝外，外面有一层膜质包着。细胞之间有细微的原生质连络丝相连，有组织地聚集成为一个群体。

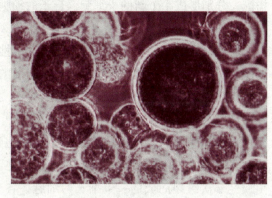

衣 藻

实球藻是一个由 4 个、8 个、16 个、32 个细胞组成的球形群体，外面有一层胶质包着。空球藻也是一个球形群体，由 16 个、32 个、64 个细胞组成，但是细胞散布在球体四周，排列成一个疏松层，球形中央充满着液体。

团藻和空球藻相似，但是植物体比较大，直径大约半毫米，由 500 ~ 20000 个细胞组成。细胞在球形表面紧密地排列成一层，细胞之间有连络丝相连。团藻的细胞已经有了相当的分工，有一些失去了鞭毛，成为生殖细胞；其余的保持原状，仍然是营养细胞。所以团藻的植物体已经从单细胞群体向多细胞的方向发展了。

衣藻、盘藻、实球藻、空球藻、团藻，都属于绿藻门、绿藻纲、团藻目。

我们还可以从它们的生殖情况来看团藻目的发展。

衣藻主要靠无性生殖。它的细胞先失去鞭毛，进行有丝分裂，分裂两三次，产生 4 ~ 8 个子细胞，仍包在母体的细胞壁里，这叫游动孢子。子细胞成熟的时候，各分泌出一层新的细胞壁，生出两根鞭毛，等老细胞壁溶化掉以后，游动孢子就自由活动，形成新的个体。

衣藻在营养缺乏的时候，也会营有性生殖。这时细胞分裂的次数比无性生殖多，产生 8 ~ 64 个子细胞。每个子细胞和母细胞的形态一样。这些子细胞会成对地进行头对头的配合，配合的时候 2 个子细胞可以大小相同，也可以一大一小。它们在形态上虽然没有什么不同，但是在生理上有雄性配子和雌性配子的分歧。大概这就是有性生殖的开始。两个配子融合的时候，核和核融合，细胞质和细胞质融合，形成合子。这合子具有厚壁，因此对不利环境的抵抗力很大。以后合子分裂，细胞核经减数分裂分成 4 个核，细胞质也分成 4 块，一一搭配，分别形成 4 个新的子细胞。合子的细胞壁破裂，子细胞逸出，它们的形态和母细胞完全一样。

盘藻、实球藻、空球藻的无性生殖和有性生殖都和衣藻大致相同，但是空球藻的配子形状不一样，雌雄配子有了显著的分化，不过都具有鞭毛。

团藻的无性生殖和衣藻等大同小异。但是团藻的有性生殖却有新的特点。它的细胞已经有营养细胞和生殖细胞的分工。它的有性生殖中产生卵和精子。卵由一个生殖细胞加大而成，这个生殖细胞到成熟的时候不再分裂，形成球形，没有鞭毛，不能游动，降落到表面层之下。精子是由一个生殖细胞的原生质经多次纵裂而成的一束细长的细胞，各有两根鞭毛。精子细胞开始的时候连在一起，没有分开，集体游动。以后分散，分头去和表面层之下的卵融合。

这里我们可以看到植物有性生殖演化的步骤。在衣藻，营养细胞和生殖细胞没有绝对的界限。生殖细胞形态相同，但是大小可以不同，这是从同配向异配迈出第一步。到实球藻，配子通常都是大小不等的。到空球藻，配子不仅大小不等，形状也有显著不同。这已经开始异配生殖。到了团藻，配子间的差异更大，这就开始出现了卵式生殖，卵比精子大好多倍，而且没有鞭毛，不能游动。

绿藻纲里除团藻目之外，还有丝藻目。丝藻是单列的多细胞丝状体，不分支。丝状体的基部是一个细长无色、形状不规则的细胞，叫固着器。这个细胞已经特化，失去了分裂和生殖的能力，具有吸着的能力，使丝状体可以围着在水里的石头上。丝藻有性生殖的时候，生殖细胞产生的配子大小相等，但是只有从不同的丝状体上产生的配子才能融合。

绿藻纲里另外有一个目叫接合藻目。如新月藻、鼓藻是单细胞体，如双星藻是不分支的丝状体。它们的有性生殖，由两个细胞相互对面生出突起，彼此接触；在接触的地方细胞壁溶化，形成一个沟通的短管；两个细胞里的原生质就彼此对流，或者从一边向另一边流，在短管中间或者在另一边的细胞里接合，共生厚壁，形成合子；合子分裂，生出新细胞。

绿藻纲里最高等的是管藻目，如蕨藻。它的整个植物体是一个细胞，长可以达到几十厘米，里面有好多个细胞核，所以叫多核体。它的外形分化成很像高等植物的根、茎、叶各种器官。它从横生的茎状体下部生出类似根系的细枝，可以起固着作用；又向上生出略细的茎状体，上面又生出各式各样类似叶子的片状体，扩大了光合作用的面积。这些假根、假茎和假叶里没有维管束，不能像高等植物那样输送养料和水分，但是我们已经可以看到高等植物的雏形。它的生殖方式通常是异配。但是有的种类已经有精子器和卵器，可以进行卵式生殖。

绿藻门里的另一纲是轮藻纲。这一纲的藻类多生长在淡水里。

轮藻的植物体高度分化。它的下部有假根固着在水底的泥里。它的上部有主茎和侧枝。主茎上有节，由一群小细胞组成。节和节之间（节间）距离比较长，中间是一个大细胞，外面被一层细长的细胞包着，类似高等植物的皮层。从节的四周生出侧枝，侧枝也有节和节间，节上能再生出短枝。主枝顶端有一个特殊的细胞，它每横裂一次，生出一个节间细胞，再横裂一次又纵裂几次，生成许多节部小细胞，这样继续分裂，使主茎不断伸长。这种分裂方式也和高等植物的主茎生长有些相似。

轮藻不产生无性孢子。它的生殖器官精子囊和卵囊都生在侧枝的节上，结构复杂，类似高等植物的性器官。

从最原始的绿藻——衣藻经过盘藻、实球藻、空球藻到团藻，又经过丝藻、接合藻、管藻发展到轮藻，不论是从形态结构上还是从生殖方式上，我们都可以看出一个从低级到高级、从简单到复杂的演变过程。

除了绿藻，其他几门的真核藻类植物也有和绿藻大致平行的演变过程，不过有的现在还停留在比较低等的阶段（如裸藻以及甲藻和金藻），有的现在已经找不到原始单细胞体种类（如褐藻）。

结合化石证据，真核藻类的发展史，大体上可以这样说：

单细胞的真核藻类大约出现于元古代中期——距今 15 亿～14 亿年前。

在距今 9 亿年前，出现性的分化，开始有性生殖。

距今 10 亿～7 亿年前，多细胞藻类出现。

从距今 7 亿～4 亿年前，多细胞藻类大量繁殖。

到古生代寒武纪开始的时候（距今 5.7 亿年前），各大类群藻类的进化趋势已经基本上形成。

我们说绿藻是藻类植物向上进化的主干，还不仅因为从它的不同种类可以看出藻类植物从简单到复杂的演变过程，而是因为比藻类更高等的植物，特别是以后从水生植物发展到陆生植物，看来就是从绿藻进化而来的。

我们知道，裸藻、甲藻和金藻都是比较低等的藻类，从它们不可能发展出高等植物来。褐藻和红藻虽然有比较高等的，有的也有类似高等植物的器官分化，但是从它们的生活习性来看，不大具备由水登陆的条件。事实上，现代的褐藻和红藻也都是水生的。这是因为它们含的色素呈褐色或红色，适合在浅海下层生活。它们登陆的机会比较少，所以仍然在各自的生态环境里安居乐业，一直繁衍到今天。

而绿藻，它不仅有比较高等的种类类似高等植物的器官分化，事实上也已经有陆生的种类。特别是因为它的色素呈绿色，适合在浅海上层和潮间带的环境中生活。它们为了争夺光合作用的生存空间，或者在浅海缓慢向陆地变迁的情况下为了求得生存，就比较容易向陆上发展，成为陆生植物的先驱。

知识点

衣 藻

衣藻属于真核生物，叶绿体为大型杯状，具淀粉核一枚。无性繁殖产生游动孢子；有性生殖为同配、异配和卵式生殖。在不利的生活条件下，细胞停止游动，并进行多次分裂，外围厚胶质鞘，形成临时群体称"不定群体"。环境好转时，群体中的细胞产生鞭毛，破鞘逸出。广布于水沟、洼地和含微量有机质的小型水体中，早春晚秋最为繁盛。一些含蛋白质较丰富的种类，可培养作饲料或食用。

衣藻只有一个叶绿体。衣藻既属于植物又是一种真核单细胞生物，喜欢光线，需要氧气。

延伸阅读

最早发现细菌的人

一滴普通的雨水放到显微镜下，就呈现出一个令人惊奇的世界——这里有成千上万的"微生物"生活着。第一个揭开这个惊奇世界秘密的，是17世纪最著名的显微镜专家——列文虎克（1632—1723）。

列文虎克出生于荷兰的德尔夫特，因为家境贫寒，16岁便离开学校当了学徒。在好奇心驱使下，列文虎克把工余时间都用来研究、磨制、装配玻璃透镜。在他看来，通过各种凹凸透镜观察世界简直是一种享受。

开始，列文虎克用自己磨制的透镜装配成的显微镜，观察蜜蜂蜇人的"针"，看蚊子叮人的嘴以及小甲虫的腿等等。随着制镜手艺的不断提高，列文虎克制成了能放大200倍的显微镜，这是当时最好的显微镜。1683年，列文虎克使用自己设计的单透镜显微镜，在观察一位从未刷过牙的老人牙垢时，发现了细菌。但那时的人们认为细菌是自然产生的。直到后来，有科学家用鹅颈瓶实验指出，细菌是由空气中已有细菌产生的，而不是自行产生的。

列文虎克是世界上第一个用放大镜看到细菌和原生物的人。为了表彰和鼓励列文虎克的研究工作，英国皇家学会吸收他为会员，一个小学徒终于成了著名科学家。

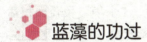

蓝藻的功过

生命旺盛的蓝藻，虽然经过了几十亿年，但直到今天势头仍然不减，在给人类带来好处的同时，有时则给人类带来灾难，人们怀着既恨又爱的矛盾心情对待这种地球史上最古代的植物。

据研究，大约有150多种蓝藻能固定大气中的分子态氮成为结合态氮，并进一步合成蛋白质。其胞外有丰富的多糖类胶质，并含生长刺激物质，适于作稻田肥料，改良土壤，提高土壤保肥、保水能力。这些蓝藻称为固氮蓝藻。在热带、亚热带地区，固氮蓝藻在每公顷稻田中每年能固氮1～70千克。

蓝藻含有较高的蛋白质、较完备的氨基酸和多种维生素。有些蓝藻可作为食品，如发菜、葛仙米、地木耳等。而螺旋藻所含蛋白质高达 60%—70%，到目前为止，世界上还没有哪一种可食生物能与之匹敌。其蛋白质含量是猪肉的 5 倍、鱼肉的 3 倍、大豆的 15 倍，还含有丰富的胡萝卜素、多种矿物质和维生素、不饱和脂肪酸、人体不能合成的 8 种氨基酸以及目前尚不清楚的生物活性物质。食用螺旋藻有很好的调节免疫力功能的作用，确保人体营养均衡，消除疲劳，恢复和激活细胞活性，延缓衰老，并且对癌症、高血脂、恶性贫血、糖尿病等都有一定的辅助治疗作用。螺旋藻食用后基本上没有不良作用，所以螺旋藻有"宇航时代新粮食和氧源"的美称。

在水环境保护中，利用蓝藻吸收工业废水中氮、磷和其他化合物，降低含量，会起到一定的净化作用。

但是，在一些营养丰富的水体中，有些蓝藻常于夏季大量繁殖，并在水面形成一层蓝绿色而有腥臭味的浮沫，称为"水华"，有人把这种现象说成是"生态癌症"。

这种蓝藻爆发现象，在世界上的许多国家都发生过。1947 年，美国佛罗里达州阿勃卡湖首次发生蓝藻"水华"。上个世纪 40 年代，美国麦迪逊湖流域蓝藻水华开始频发并日趋严重。1950 年，位于瑞士、德国和奥地利交界处的康士坦茨湖蓝藻爆发，生态环境开始恶化，至 1970 年，康士坦茨湖生态环境极度恶化。上世纪 70 年代，日本第二大湖霞浦湖蓝藻大规模爆发，严重污染了水质。

我国也多次发生蓝藻爆发事件。1999 年昆明世博会期间，滇池上的蓝藻曾疯长得让湖水变成"绿油漆"，游船被缠住靠不了岸，"水华"覆盖面积达 20 平方千米，厚度达数十厘米。2003 年 9 月，巢湖蓝藻暴发，蓝藻遍及湖心，最厚的地方深度达 1 米以上，有浪无波，几乎形成"冻湖"。2007 年，蓝藻再次觊觎巢湖。2007 年 6 月 5 日，武汉蔡甸区因蓝藻爆发导致 20 万斤鱼死亡，给养殖户造成的直接经济损失超过 70 万元。2007 年，太湖也发生了蓝藻大爆发，严重污染了水质。

蓝藻的爆发会带来三大危害：（1）危害水域生态环境中栖息生物的生存与发展。在湖泊、水库和池塘中，浮游藻类的大量繁殖且在水面高度密集，会阻挡阳光的光线透射，底栖的水生植物因得不到充足的太阳能使其光合速率降低，减少了光合产物的产量，进而影响其正常的生长发育，同时还因其强烈吸收可见光的短波使水温升高影响了对水温敏感的生物种群的生存。（2）破坏水域生态景观。浮游藻类的大量繁殖往往密集在水面形成一层薄皮或泡沫，水体颜色变绿，并带有腥臭味，不仅使原来干净、清澈、透明的水体变得色泽混杂，浮游藻类死亡后沉入水底并堆积使水体变浅，破坏了原有的生态景观。（3）威胁人类身体健康。位于江河上游

蓝藻爆发

的湖泊、水库等大型水体若发生有害"水华"，浮游藻类释放的毒素和死亡的浮游生物污染水源，导致水质下降，影响人们的生活用水质量。有研究表明，蓝藻毒素是诱发肝癌的重要原因之一，而且蓝藻毒素能引起学龄儿童的肝损伤，从小埋下罹患肝癌的祸根。

所以，如何防止蓝藻的爆发，已经成了一项重要课题，许多国家都投入了大量人力物力，正在努力攻克这一难关。

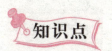
知识点

蛋白质

蛋白质是生命的物质基础，没有蛋白质就没有生命。因此，它是与生命及与各种形式的生命活动紧密联系在一起的物质。

蛋白质是构成人体组织器官的支架和主要物质，在人体生命活动中，起着重要作用，可以说没有蛋白质就没有生命活动的存在。每天的饮食中蛋白质主要存在于瘦肉、蛋类、豆类及鱼类中。蛋白质分子上氨基酸的序列和由此形成的立体结构构成了蛋白质结构的多样性。蛋白质具有一级、二级、三级、四级结构，蛋白质分子的结构决定了它的功能。

延伸阅读

香料植物种类多

我国是全世界芳香植物最多的国家，据统计，全国已知的香料植物共有350种。目前，利用于生产中的约有百余种。分布于我国绝大部分地区，并且已经形成了几种重要芳香植物的生产基地，例如江苏生产的薄荷、留兰香，广东生产的香根、香茅、肉桂；广西生产的桂花、八角、肉桂；福建生产的白兰、米籽兰、芳樟、金合欢；新疆生产的熏衣草；陕西生产的香叶天竺葵、柠檬、香桂；浙江生产的代代墨红月季、香根；贵州产的柏木、桂；湖南产的山苍子等。1976年时全国有香料、香精厂约40家。这些香料的特点和具体用途分别是：

茉莉花：其花瓣香味极浓，主要用于熏制花茶。

桂花：是一种高大乔木，其花含油率达2%～2.5%，从中提取的浸膏，用作高级香料、香水、香皂和化妆品的原料。

玫瑰：原产我国，多用于食品、酿酒、医药及制作高级香料。

留兰香：是牙膏、食品、医药、烟草的重要原料。

八角茴香：是我国特产的香料，干果含油量达8%～12%，用于烹调和提取芳香油；花椒果实含油达2%～4%，也用于调味和提取芳香油。

此外，樟树提取的樟脑，是医药工业的重要原料。白兰花也用于熏制茶叶，由国外引进的熏衣草，是高级化妆品及香皂重要原料等等，不胜枚举。

在我国众多的香料植物中，樟脑油、八角茴香占世界总产量的80%，而肉桂、薄荷、茉莉为我国特产。近20年来，我国还从国外引进一些芳香植物，如熏衣草、檀香树、香荚兰等等。目前，我国从植物中提取的芳香油可达200多种，如八角油、丁香油、桂皮油、月桂油、香草油、柠檬油、熏衣草油等等。

蕨类植物时代

ZHIWU DE QIANSHI JINSHENG YU WEILAI

距今4亿年前，陆地上出现了最早的高等植物——裸蕨类，经过数千万年的演化，在遍布水泽的陆地上，高大挺拔的蕨类植物组成了广袤的沼泽森林。但它还不能真正适应广大的大陆环境，一部分植物遭到灭亡。这些蕨类植物便是煤炭形成的主要物质。到后来，环境又发生变迁，裸子植物出现。

从水生植物到陆生植物

大约距今5.2亿年前，水生植物用了约1亿年的时间完成了登陆。这是一种被称为似苔藓植物的两栖植物，科学家曾在岩石中发现了这种极微小植物的化石。通过化学提取，再借助电子显微镜观察，这种大小不到0.2毫米的植物的结构主要有两种类型：四分体和两分体。科学家继而通过对化石所提供的其他信息的研究，认为这种植物在晚二陶纪时的分布应是十分广泛的，遍布于古地理环境中从赤道到寒冷地带的广大地区。此外，鉴于这种植物跟如今人们几乎随时随地都能看到的苔藓植物具有很大的相似性，因此科学家断定它只能生存在一种潮湿的、离水体不能太远的陆地环境中，属于从水生植物到陆生植物的一种过渡类型。于是，这种含四分体和两分体结构的植物化石便成了早期陆生植物的一种指示性标识。

在距今4.4亿年的时候，地球上出现了第一次大冰期，在当时的古南极形成了一个相当于我国华南地区面积的大冰盖。冰盖的形成，使海平面大幅下降了50～100米，这使得海洋生物随着生存空间的变小势必要另辟新境，其发展的方向便瞄向了因"水落石出"而面积逐步增大的陆地。由于冰期中气候寒冷，不适于植物生长，因此这些有意向另辟生存空间的植物只能蓄势待发。大约1千万年之后，冰期结束了，冰川开始消融，海平面又开始上升。按理说生存空间扩大了，原本打算登陆的植物应没有必要再急于拓展生存空间了，但是，这时地球又进入了地壳不断升降的活跃期，海平面升升降降，极不稳定。这可苦坏了那些水陆相交地方的水生植物，为了应对这种不断变化的环境，也为了一劳永逸地图个安稳，它们根据陆地面积不断扩大的趋势，最终选择了爬上陆地。

目前世界上已知最早的陆生植物化石是在我国贵州凤冈发现的，其生活的年代距今大约4.3亿年。它由不同的管状细胞组成，呈羽状排列，与藻类很像。科学家认为它是陆生植物的一个重要的理由是因为它有由管状细胞构成的维管组织，因此植物可以直立在陆地上生长。而在海洋中由于有水体的浮力，植物不需要这种结构。由于这种植物跟藻类十分相像，说明它是一种从藻类到陆生植物的过渡类型。由于在时间稍后的地层中再没有发现与这种植物类似的化石，于是人们认定这类植物并没有延续下去，很快就消亡了。因此它并不能代表陆生植物的原始类型，只能说是水生植物尝试陆地生活的先驱。

国际上公认的早期有代表性的陆生植物是一种叫顶囊蕨的植物。这是一种结构比较简单的植物，枝条上简单地分几个杈，顶上的一个圆球是它的孢子囊，里面有三缝孢。这种植物很小，也没有叶子，但它已具备了维管组织、具备了长有气孔的角质层；根据所发现化石的分布地点看，这种植物主要分布在当时的北半球。而在当时的南半球，最具代表性的是一种叫巴兰德木的植物。这种植物与顶囊蕨相比形态结构相对复杂，属于不同的类型。它与如今的蕨类植物松石

原始陆地植物

十分相像，长有很多小"叶子"，呈螺旋状排列。

这种原始的陆地植物，经过几千万年的进步，到泥盆纪，进化仍不大。水生植物登陆的先锋是裸蕨，看看它们在泥盆纪留下的大量化石是十分有趣的。这一类植物很细弱，它们的植物体像藻类。据科学家推断，它们的祖先是绿藻。从藻类到裸蕨类的过程中，生命进行了巨大的飞跃，它们在形态上和结构上尽管简单矮小，但相比之下已经大大进步了。成为繁荣起来的植物界。

到了距今两三亿年前的石炭纪、二叠纪，空气中氧的含量进一步增加，加上气候温暖潮湿，植物生长有了良好条件。那时植物种类和数目都迅速增加，个体生长又快又高大，茎粗达到几米，高几十米的参天大树比比皆是，显示出一派葱葱郁郁的景象，美化了那单调的、孤寂的大地。

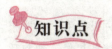
知识点

裸蕨

裸蕨，已绝灭的最古老的陆生植物，在距今约4亿年前的志留纪晚期出现，是最初的高等植物代表。其地上茎直立，高约1米，具有二歧分枝，无根和叶，或仅具有刺状附属物，故名裸蕨。茎的解剖构造，具简单的维管束组织和典型的原生中柱，表皮具有角质层和气孔。孢子囊卵圆形，成对生于叉枝顶端，由数层细胞组成的厚囊壁，孢子60～100微米，孢壁光滑，均为四分体，同形。已发现有莱尼蕨、裸蕨等。真蕨植物门和前裸子植物可能起源于裸蕨植物。

裸蕨植物的器官有初步分化，茎内维管束是水分和营养物质在植物体内上下运输的组织；拟根状茎或假根起固着及吸收作用；茎表角质化可防止植物体内水分蒸失，使植物在水生环境下不致枯死；气孔又是交换植物体内气体的孔道。这些构造使裸蕨植物能初步摆脱完全对水的依赖，以适应于滨海潮湿低地的气生环境。但其适应陆生生活仍然处于原始阶段。

延伸阅读

霉菌和酵母菌

我们在讲微生物的时候，提到过霉菌和酵母菌。按分类学上说，霉菌和酵母菌属于菌类植物，属于真菌门。

真菌不同于细菌。细菌是原核生物，真菌却是真核生物。真菌都没有叶绿素，营腐生或寄生生活。

真菌种类繁多，现存的有7万多种，大多是陆生的。但是真菌中的原始类型是水生的。这就是藻菌。

真菌门一共有三个纲，比较低等的一纲就是藻菌纲。

藻菌纲中的一些原始种类是水生的游动孢子，带一根或两根鞭毛。有两根鞭毛的类型中，有的和金藻门的黄藻纲比较接近，鞭毛的形态也相似，细胞壁都含有纤维素。

藻菌纲中最原始类型还没有菌丝体。比较进步的种类，如水霉，菌丝是多核而有分枝的，寄生在水里腐烂的植物、鱼类、昆虫或其他水生动物的遗体上。

藻菌的起源，有人认为是从金藻门的黄藻纲发展来的，但是也有人认为它的祖先是绿藻或红藻。

但是藻菌肯定是在水里起源的，是从水生向陆生发展的。由于它缺乏叶绿素，只能营腐生或寄生生活，即使以后登了陆，也只能成为低等植物中特化的一枝，不可能成为植物进化的主干。

从植物进化的系统来看，它的原始阶段——水生阶段的主干只能是藻类植物，特别是其中的绿藻门。藻菌只是水生植物中的一个旁支。

登岸的蕨类植物

美国古植物学家列塔里亚克，在对宾夕法尼亚州晚奥陶纪古土壤进行分析研究时，发现了某些环节动物或节肢动物从地表进入土壤深处的足迹化石。根据这些化石推测，供养这些陆生动物的陆生植物早在奥陶纪就已经出现了。由于在这些古土壤中没有发现任何大植物化石和微古植物化石，只有重结晶的钙质管状微粒，列塔里亚克认为，这些微粒是某种藻类。可见，在奥陶纪时，虽然陆地上还没有高等植物，但是却已经存在着陆生藻类植物；而且，陆生高等植物很可能就起源于这些陆生藻类的某些类群，而不是起源于逐渐迁往陆地的水生高等植物。

实际上，在前寒武纪就已经存在了古土壤，其中还发现了有机物的遗迹。

在地球历史上，由于古气候等因素的变化，海平面发生过无数次的上升与下降。对于陆地来说，当海平面上升时，一些低洼地区就被淹没，造成海岸线向陆地深处推进，这一过程称为海浸；当海平面下降时，这些低洼地区又露出海面，造成海岸线向海洋深处退回，这一过程称为海退。

就在前寒武纪海浸到海退过渡带，科学家发现了远古的微生物，其形态很像现代的陆生藻类。科学家推测，这些最早上陆的藻类，则很可能起源于太古代末或元古代初。而它们的后代地衣类植物，则很可能在早古生代就已出现；在志留纪沿海边缘，已经发现了它们的遗迹。

地衣实际上是藻类和真菌共生的复合体。藻类被菌丝包裹在里面，以光合作用制造有机物供真菌享用；而真菌吸收水分和矿物质提供给藻类。地衣附着在岩石上生长，能够产生石蕊酸，使岩石表面逐渐分解成为土壤，为其他陆生植物的生长创造了条件。因此，地衣可能为其他陆生植物由水上陆起到了开路先锋的作用。

真菌类由于不具有光合作用功能、营腐生或寄生性生活的特点，现在一般都被列为单独的一个界，但是许多科学家认为它们是某种原始的藻类植物失去光合作用功能后不断演化出来的一个大门类，因此也把它们同藻类、地衣类一起列入低等植物的范畴。

最早的高等植物——蕨类植物从志留纪晚期开始在陆地上出现。

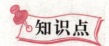

知识点

矿物质

　　矿物质是人体内无机物的总称，所以又称无机盐。是地壳中自然存在的化合物或天然元素。矿物质和维生素一样，是人体必须的元素，矿物质是无法自身产生、合成的，每天矿物质的摄取必须通过膳食进行补充。

人体必须的矿物质有钙、磷、钾、钠、氯等需要量较多的宏量元素，以及铁、锌、铜、锰、钴、钼、硒、碘、铬等需要量少的微量元素。但无论哪中元素，和人体所需蛋白质相比，都是非常少量的。

矿物质和酶结合，帮助代谢。酶是新代谢过程中不可缺少的蛋白质，而使酶活化的是矿物质。如果矿物质不足，酶就无法正常工作，代谢活动就随之停止。

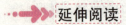 **延伸阅读**

植物生长也需要矿物质

土壤矿物质组成按其成因可分为原生矿物质和次生矿物质两大类。在风化过程中未改变化学组成而遗留在土壤中的一类矿物质称为原生矿物质。原生矿物在风化和成土作用下，新形成的矿物称之为次生矿物质。土壤矿物质的组成非常复杂，几乎包括地壳所有的中所有的元素，其中氧、硅、铝、铁、钙、镁、钠、钾、钛、碳等10种元素占土壤矿物质总重的99%以上，其他元素不过1%。这些元素中，以氧、硅、铝、铁4种元素含量最多。

植物不可缺少的矿质营养元素，有氮、磷、钾、钙、镁、硫、铁、锰、锌、铜、钼、硼、氯，此外还有碳、氢、氧共16种。这些必需营养元素除了碳、氢、氧主要来自空气和水外，其余的13种营养元素都主要依靠土壤来供给。

在土壤的各种营养元素中，氮、磷、钾3种是作物需要量和收获时所带走较多的营养元素，因此养分供求之间不能协调，为了改变这种状况需要通过施肥加以调节，因此氮、磷、钾被称为"肥料三要素"。

氮肥主要有铵态氮肥、硝态氮肥、长效氮肥。磷肥主要有过磷酸钙、钙镁磷肥、磷矿粉。钾肥主要有氯化钾、硫酸钾、窑灰钾肥、草木灰。

从裸蕨到真蕨

植物的进化主线，从第一阶段藻类植物时代的藻类特别是绿藻，进化到志留纪晚期出现了裸蕨，裸蕨登上了陆地，开始了植物发展的第二阶段——蕨类植物时代。

裸蕨是蕨类中的原始类型，还没有叶子和根，所以叫裸蕨。裸蕨从志留纪晚期出现，到泥盆纪早期和中期，长得十分繁盛。有人把这个时期叫作裸蕨时代。

这一时期大气里的游离氧气已经达到现在大气里氧气含量的10%的水平，高空已经出现臭氧层，过滤掉太阳光中的紫外线，这些都是对植物的生长有利的。裸蕨植物中最早出现的是光蕨，以后向两种类型发展：一种是莱尼蕨属型，一种是工蕨属型。这两种类型的裸蕨植物代表着两条进化路线：莱尼蕨属型向着裸蕨属发展，再由裸蕨属发展到真蕨植物；工蕨属型向着星木属发展，再由星木属发展到石松植物。

继蕨类植物时代早期的裸蕨时代之后，泥盆纪晚期，进入蕨类植物时代的中期，石松植物和楔叶植物相继出现。楔叶植物是和石松植物平行发展的另外一枝蕨类植物。石松植物和楔叶植物成为蕨类植物时代中期的主要植物类群。

原来在泥盆纪早期和中期盛极一时的裸蕨植物，到泥盆纪晚期逐渐消亡。现在还留下一些孑遗种类，如松叶蕨，也叫松叶兰。

泥盆纪晚期到石炭纪，热带沼泽地带盛长着高大的石松植物和楔叶植物。这一时期大气里的游离氧气一度增加到现在大气里氧气含量的2~3倍；气候除南半球南部外，一般都十分温暖潮湿；地面上二氧化碳的浓度也很高；土壤肥沃。这些都非常适合于陆生植物的大量繁殖。

蕨类植物时代的晚期以真蕨为主。

真蕨在泥盆纪已经出现，到石炭纪和二叠纪已经相当繁荣，但是不如石松植物和楔叶植物。

到二叠纪晚期，北半球又有一系列造山运动，叫华力西运动（这个名称来自阿尔卑斯山脉中的华力西山），地理环境和气候都有显著变化。北半球气候逐渐转凉而干燥，沼泽地区相对减少。巨大的石松植物和楔叶植物逐渐

松叶蕨

衰亡。但是当时真蕨在某些地带继续繁荣，以后又出现一些耐旱、耐寒的真蕨属种。虽然当时已经出现了比蕨类更加高等的植物——种子植物，但是真蕨由于具备无性繁殖能力，能产生大量孢子，能够继续得到发展。

当然，这一时期既然已经出现了种子植物，实际上是真蕨和某些种子植物一起当家。

现代生存的蕨类植物约有12 000 种，可以分 4 个纲：松叶蕨、石松、木贼、真蕨。木贼是古代楔叶植物的后裔。

现存的蕨类大都是草本，少数是木本。植物体有根、茎、叶的分化，没有花，用孢子繁殖。世代交替现象很明显，无性世代占优势。

但是古代的蕨类植物有不少是高大的树木，在二叠纪以后到三叠纪，这些高大的木本蕨类大都绝灭。

从石炭纪到二叠纪，这些蕨类植物的遗体大量堆积，被掩埋在湖泊沼泽里，经过炭化变质，形成了大量的煤层。我国北方晚石炭纪的煤田和南方晚二叠纪的煤田都很多，主要就是这些蕨类植物所形成的。

知识点

紫外线

紫外线是电磁波谱中波长从 10～400 毫米辐射的总称，不能引起人们的视觉。1801 年德国物理学家里特发现在日光光谱的紫端外侧一段能够使含有溴化银的照相底片感光，因而发现了紫外线的存在。

自然界的主要紫外线光源是太阳。它由紫外光谱区的三个不同波段组成，从短波的紫外线 C 到长波的紫外线 A，太阳光透过大气层时波长短的紫外线为大气层中的臭氧吸收掉。太阳光线分为 X 线、X 光、紫外线、可视光线、红外线等五种，其中到达地球表面的光线为紫外线 A、B、可视光线及红外线，但对人体最有影响的是紫外线，它的优点是，可以消毒杀菌，促进骨骼发育，对血色有益；但同时使皮肤老化产生皱纹，产生斑点，造成皮肤粗糙发炎。

延伸阅读

植物的呼吸

植物生长也有呼吸作用和光合作用两部分。呼吸作用和人类一样，吸收氧气，吐出二氧化碳，消耗葡萄糖转化为生命的能量。而光合作用则是在有光线的条件下，植物体内叶绿素中合成葡萄糖的过程。

这就是说植物是依靠阳光作为媒介来为自己提供养料——葡萄糖，因此绿色植物离不开光合作用。我们所说的在植物茂盛的地方氧气多是因为：白天光合作用大过呼吸作用，夜晚由于温度降低，呼吸作用速度也减慢。总的来说，植物可为大气提供氧气。

但是就具体的植物来说，也有喜光和喜阴的。一般高大的乔木，都是喜欢大量的光线的；而一些灌木、草本植物（比如文竹）就是喜阴的，对光线的要求相对较低。

早期的高等植物

现代的蕨类植物的叶子都长得像羊的牙齿一样，因此最早研究它们的科学家也就把它们形象地称为"羊齿植物"。在地球自然历史发展过程中，这些"羊齿植物"实际上是最早的高等植物，它们在志留纪晚期已经开始在陆地上出现。

这些最早的陆生蕨类被称为顶囊蕨或光蕨。此后，蕨类植物分化为两支，其中一支经志留纪向泥盆纪过渡时期的工蕨发展到后来的石松类；另一支经泥盆纪早期的裸蕨发展出后来的节蕨（也叫木贼或楔叶）和真蕨。此外，在泥盆纪还发现有一类称为瑞尼蕨的植物，它们与高等植物一样具有维管束，同时又与低等植物一样没有气孔器，因此目前还很难确定它们的真正系统分类地位。

到了晚泥盆纪，在早、中泥盆纪盛极一时的裸蕨逐渐灭绝消失了，但是石松、节蕨和真蕨类开始走向繁荣。这些进化了的蕨类植物已经有了根、茎、叶的分化：根可以使植物体得到稳定并深入到土壤下层以吸收更多的水分和矿物质；茎一方面使植物体能够直立起来，更重要的是其内部维管束结构的形成为植物体产生了更为完善的输导系统以有利于营养物质的输送；叶则成为专门进行光合作用的器官，因其表面积的大大增加而使植物体能够更多地吸收日光中的能量。正因如此，蕨类植物在古生代后期将"地球园林"装点得分外秀丽。

现代生活在地球上的蕨类植物仍有1万余种，绝大多数都是草本植物。但是在古生代的石炭纪和二叠纪，蕨类植物当中属于石松类的鳞木和属于节蕨类的芦木却都是高大的乔木型木本植物。

鳞木可达三四十米高，树身直径可达2米；它们的树干与裸蕨一样两叉分枝；狭长的叶子可长达1米，叶子上有明显的中肋；叶子呈螺旋状排列在树干上，长在其基部的叶座上；叶座突出于树干表面，一般呈菱形，由于排列成螺旋状，当叶子脱落以后它们看起来很像鳞片状的印痕，鳞木即因此得名。

芦木生长在沼泽里，高达三四十米，树干直径可达1米，叶子轮生在分枝的节上。芦木的叶子与鳞木的叶子起源不同，它们是由小枝变化而来的。

真蕨类

真蕨类比石松类、节蕨类更能适应陆地生活。它们的叶子较大，又扁又平，而且分为上下两面，叶脉分支也多，这样更扩大了光合作用的面积和效率。真蕨类一般生活在陆地上，少数生活在沼泽中，还有的附生在其他植物的枝杈上。真蕨类中，生活在石炭纪末期到二叠纪初期的树蕨有很大的树冠，密集成林。在距今2亿多年前的早二叠纪晚期至晚二叠纪早期，云南及我国南方和西南的几个其他省份分布着一种叫作六角辉木的树蕨，有十几米高，树干直径超过 20 厘米，羽状复叶型的叶子很大，有两三米长。六角辉木的茎有非常发达的输导组织和机械组织，其树干的横切面上可以看到外部的皮层和极为复杂的组成中柱（根和茎的中轴部分）的维管束。维管束的直径约为 10 厘米，由 7 个同心环组成，最里面的一个呈圆形，其余的呈条带状。因此，这样的树干横切面看起来就形成了五光十色的六角形，这就是"六角辉木"名称的由来。

蕨类植物的大发展，促成了地球历史上第一次原始森林的出现，使地球生态系统的整体面貌发生了巨大的变化。

知识点

维管束

维管束是维管植物的叶和幼茎等器官中，由初生木质部和初生韧皮部共同组成的束状结构。维管束彼此交织连接，构成初生植物体输导水分，无机盐及有机物质的一种输导系统——维管系统，并兼有支持植物体的作用。

在维管束的发育过程中，初生木质部和初生韧皮部还可分为发育较早的原生木质部和原生韧皮部，以及发育较迟的后生木质部和后生韧皮部。由于早先发育的原生木质部和原生韧皮部分子，在初生植物体伸长生长时就已成熟，它们不再与周围的细胞一起继续伸长，因而常被挤毁，或留下原生木质部的腔隙，如玉米的茎中的维管束。在维管束的周围，通常由一层或数层具支持作用的厚壁组织细胞组成的维管束鞘所包围。它们有时仅在木质部或韧皮部的一端，或同时出现在两端。多年生木本植物维管束排列成桶状。

延伸阅读

有记忆的植物

如果有人说，植物也像动物那样有记忆能力，恐怕你听了不会相信。但这种说法有一定的科学根据。不久前，科学家们在一种名叫"三叶鬼针草"的

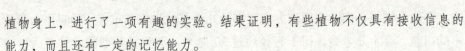

植物身上，进行了一项有趣的实验。结果证明，有些植物不仅具有接收信息的能力，而且还有一定的记忆能力。

这项实验是法国克累蒙大学的学者设计的。他们选择了几株刚刚发芽的三叶鬼针草，整个幼小的植株总共只有两片形状很相似的子叶。一开始，研究者用4根细细的长针，对右边一片子叶进行穿刺，使植物的对称性受到破坏。过了5分钟后，他们用锋利的手术刀，把两片子叶全部切除，然后再把失去子叶的植株放到条件很好的环境中，让它们继续生长。想不到5天后，有趣的情况发生了，那些针刺过的植株，从左边（没受针刺）萌发的芽生长很旺盛，而右边（受到过针刺）的芽生长明显较慢。这个结果表明，植物依然"记得"以前那次破坏对称性的针刺。以后科学家又经过多次实验，进一步发现，植物的记忆力大约能保留13天。

植物怎么会有记忆呢？科学家们解释说，植物这种记忆当然不同于动物，它们没有与动物完全一样的神经系统，可能是依赖离子渗透补充而实验的，应当说，关于植物记忆的问题，在目前还是一个没有被彻底解开的谜。

石松植物

石松植物是一类很独特的维管植物。是古代蕨类植物之一。石松植物有根、有茎、有叶。它不管是向上的枝还是向下的根，都是典型的两歧式分叉，就是在枝的顶端分叉成基本上相等的两枝。茎的基部叫作根托，这是古代石松植物所特有的器官。根托的外形像根，但是从它的内部结构看还是茎。根托下面再生出不定根。

茎里有维管组织，由木质部和韧皮部形成中柱，起输送水分养料和支持植物体的作用。原始的种类，中柱是没有髓的原生中柱，以后经过混合髓的过渡类型进化到有髓的管状中柱。

茎部表面细胞突出体外，形成叶，呈螺旋状排列。这种叶和通常由枝条扁化形成的叶起源不同，维管束直接穿进叶子，没有叶隙，所以有人叫它拟叶或小叶。叶不分叉，细长如针，有一条叶脉。孢子囊着生在叶腋上；也有的生在叶面，这种载孢子囊的叶叫孢子叶。有的孢子囊还聚集成穗，这样能把孢子保护得更好。

石松植物经历了一条独立的演化路线。在裸蕨植物工蕨属出现以后 500 万年，早泥盆纪中期，北半球出现了星木属。星木属还是属于裸蕨类，但是它可能就是石松植物的祖先。它的地上茎高大约半米，是一种草本植物。茎维管束的横切面呈星状，所以叫它星木。叶长 5 毫米，没有叶脉，是由茎面组织突出体外形成的。地下茎没有叶，由地下茎长出根。孢子囊直接着生在茎上。

又过了 400 万年，到了中泥盆纪，出现了石松植物原始鳞木。这种植物也是草本，比星木属进步一些，更能适应陆上生活。茎里的木质部细胞成熟的次序是由外向内，这是典型的石松植物木质部发生的方式。叶尖分叉，孢子囊着生在孢子叶上面。

又过 1100 多万年，石松植物分两路发展：一路是草本，一路是木本。

草本类型后来发展成为石松和卷柏。石松是现存的一属多年生草本植物，其中一种叫过山龙，茎分枝匍匐，茎上密生针状叶。石松植物这个总名称就是从石松来的。卷柏是现存的一属多年生直立草本植物，其中有一种叫还魂草，干旱的时候枝叶向里

石松植物

卷曲如拳，呈枯黄色，遇雨枝叶立即舒展，呈嫩绿色，生命力极强。

木本类型出现在中泥盆纪末期到晚泥盆纪，在沼泽和潮湿地带大量繁殖，石炭、二叠两纪达到极盛时期。它们的根、茎里产生了形成层，由形成层产生次生木质部、次生韧皮部和薄壁组织；皮层里有木栓形成层，产生木栓质。具有形成层的石松植物可以长成高大乔木，高的达到 30~40 米，茎的基部直径达到 2 米。

石炭、二叠两纪的有名的石松植物有鳞木和封印木等。

鳞木的茎千里木质部细胞壁虽然不厚，但是管胞长而粗大。它在支撑植物体和输送水分养料的机能上已经有了初步分工：中间的原生中柱或管状中柱作为输送水分养料的通道；皮层很厚，有木栓组织，用来支撑植物体。叶狭长，有一条中脉，螺旋状着生在幼枝上。叶脱落后，在老枝或茎上留下排列紧密的

菱形印痕，像鳞片似的，所以叫作鳞木。它的根、茎、叶里有通气组织，从叶一直连到根，担任输送气体的作用。这是一种对沼泽生物的适应，否则，巨大根系不能进行呼吸，势必要窒息腐烂。

封印木和鳞木有些类似，它的叶呈线形或披针形，螺旋状排列，脱落后在茎上留下纵列的六角形印痕，有似封印，所以叫封印木。

木本石松植物一度是植物中高大显赫的种类。但是它们的一些原始特征限制了它们的发展。到了古生代末期，地壳发生变动，气候变得干燥，沼泽面积缩小，石松植物中的大部分随着绝灭。只有一小部分后裔变成草本植物，在潮湿环境里保存下来，如水韭，一直生活到今天。

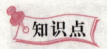 知识点

根

植物学名词，根是植物的营养器官，通常位于地表下面，负责吸收土壤里面的水分及溶解其中的离子，并且具有支持、贮存合成有机物质的作用。

根分为根尖结构、初生结构和次生结构三部分。根尖是主根或侧根尖端，是根的最幼嫩、生命活动最旺盛的部分，也是根的生长、延长及吸收水分的主要部分。根尖分成根冠、分生区、伸长区和成熟区。根生长最快的部位是伸长区。伸长区的细胞来自分生区。由根尖顶端分生组织经过细胞分裂、生长和分化形成了根的成熟结构，这种生长过程为初生生长。在初生生长过程中形成的各种成熟组织属初生组织，由它们构成根的结构，就是根的初生结构。若从根尖成熟区作一横切面可观察到根的全部初生结构，从外至内分为表皮、皮层和维管柱三部分。有形成层细胞分裂形成的结构与根尖、茎尖生长椎分生组织细胞分裂形成的初生结构相区别，称它们为次生结构。

延伸阅读

植物也能听懂音乐

据说动物脑体内有一块音乐区，能感受音乐的作用。法国的植物学家兼音

乐家斯特哈默通过生动的试验证实：植物对音乐也相当敏感。他通过每天给番茄弹奏3分钟的特定曲目，使得番茄的生长速度提高了2.5倍，而且长出的番茄既甜且耐虫害。斯特哈默理所当然地认为，这是由于音乐的神奇作用。

并不是任何一首曲目都能触动植物的音乐敏感区，曲目的选择大有讲究，这也正是科学与艺术的微妙区别。按斯特哈默的研究，音乐中的每一个乐章都应该对应植物体内蛋白质的某一个氨基酸分子，一首曲子实际就是一个蛋白质完整的氨基酸排列顺序。这样，植物听到这一曲目时，体内的某些特殊酶素就会更加活跃，从而促进植物的生化作用及快速生长。

斯特哈默创作这些曲目时颇费心思，以植物细胞色素氧化酶来说，他必须首先通过精确的物理实验来分析出该酶素的氨基酸顺序，然后再利用量子物理学的一些专业知识计算每个氨基酸的振动频率，最后，再将这些振动转译成植物能够听到的音乐频率。

植物能听懂音乐的内在机制，还需科学家进一步研究。

真蕨植物

真蕨植物是现存蕨类植物中最大的一个类群。

真蕨植物的叶也是由枝条扁化合并而成的，这一点和楔叶植物相似而和石松植物不同。叶的形体很大，常是羽状复叶，这种叶子叫蕨型叶。把这一类型的蕨类叫作真蕨，就是因为它有典型的蕨型叶。叶分背腹面，有利于光合作用。叶面有薄的角质层，起保护作用。

真蕨的孢子囊生在叶背或边缘，能直接得到叶子的养料供应。这种载胞子囊的叶子叫作生殖叶或者能育叶，不载孢子囊的叶子叫作营养叶或者不育叶。两种叶有的同型，有的异型。

真蕨的生活史中，有两个独立生活的植物体，就是孢子体和配子体。我们前面所说的有根茎叶的植物体是孢子体，就是平常见到的植物体。孢子体比配子体发达，具有维管组织产生大量的孢子，散到空气里，极适合于在陆地上大量繁殖孢子萌发成配子体。配子体一般是叶状体，个体极小，叫原叶体，生有假根，贴地生长，营独立生活。配子体十分弱小，只能生活在潮湿的地方。配子体成熟以后，发生精子器和颈卵器。精子器里产生多鞭毛的精子。精子靠水进行受精，它们在水里游泳以后，进入颈卵器。精子核进入卵里，形成合子，合子萌发成为孢子体。

现在所知道的最早的真蕨是出现在早泥盆纪到中泥盆纪的原始蕨。这种植物的茎是两歧合轴式的分枝，末级枝条扁化，形成复叶，幼时呈卷拳状，枝尖卷在叶的中央，受到充分保护。生殖枝（有孢子囊的枝条）羽状排列，接近后来的真蕨。孢子囊生在枝顶，这是裸蕨的特点。所以原始蕨是从裸蕨进化到真蕨的中间类型。

中泥盆纪到晚泥盆纪出现一种叫斯瓦巴德蕨的植物，它的营养枝也扁化，形如复叶，孢子囊侧生在生殖枝上，生殖枝趋向于羽状排列，更加接近后来的真蕨。

早石炭纪出现一种叫帚刷枝木的植物，样子像原始蕨，茎的维管组织作网状连接，成为网状中柱。枝条上有许多小形的楔形叶和孢子叶，孢子叶是多次两歧分叉式的，每一枝顶着生一个孢子囊。

晚石炭纪到二叠纪出现了许多高大的真蕨植物——树蕨，在潮湿热带地区形成热带雨林。它们有发达的不定根系，有许多蕨型羽状复叶，茎里有发达的输导组织和皮层，但是没有形成层，所以不能增粗。著名类型有我国二叠纪的六角辉木，高可以达到 10 米，茎的直径十几厘米。这也是重要的造煤植物，到二叠纪末期绝灭。现代的莲座蕨就是辉木的近亲的后裔，但是已经变成草本植物了。

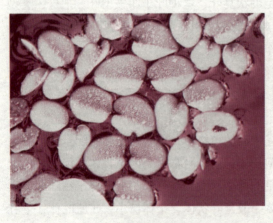

槐叶萍

在真蕨进化过程中出现了两个旁支，那就是槐叶萍和满江红（也叫红萍、绿萍），成为多年生的浅水草本植物。从化石记录看，它们起源都比较晚。

真蕨植物比石松植物和楔叶植物更适宜于陆生，但是总的说来，进化水平仍然是不高的。它的有性生殖还离不开水。它们的生活环境要求空气里有大量水汽。

现存的真蕨大多是多年生草本植物。如莲座蕨，高大约 2 米左右。又如我们平常采来做菜吃的所谓蕨菜，高大约 1 米左右。有的真蕨就更矮。少数真蕨是木本，如桫椤，高可以达到 3 ~ 8 米。

叶

维管植物进行光合作用和蒸腾作用的器官。由茎尖的顶端分生组织周缘区发生的叶原基进一步生长和分化而形成。一般由叶片、叶柄和托叶三部分组成，某些植物则无托叶或叶柄；凡具有以上三部分的叶，称为"完全叶"；凡缺少其中一或两部分（叶柄或托叶）的叶，称为"不完全叶"。

叶的各部形态多样，特别是叶片，为植物分类的依据之一。叶片一般扁平，两侧对称，由表皮、叶肉和叶脉组成；叶肉为基本组织，细胞内含叶绿体，为进行光合作用的主要组织；且胞间隙发达，借助于表皮上的气孔，沟通业内外气体的交流，水分亦随之而蒸腾到大气中。

 延伸阅读

植物也有情

俗话说："人非草木，孰能无情"。其实不然，科学研究证明植物也是多情种。含羞草不仅羞见暮色，就是用手轻轻抚摸一下它的叶片，就会"不好意思"地自动合拢。这种"含羞"姿态是体内的"信息传递"，与动物的神经传递十分相似，只不过速度很慢，每秒钟仅上下传递 1 厘米。

几乎所有的植物都有"神经系统"，"智力"已不属动物脑细胞独有。有人让番茄、玉米、土豆等作物欣赏音乐，植株能心情舒畅，闻歌猛长，产量显著提高。不同的植物对音乐也有偏爱，黄瓜、南瓜爱听箫声，番茄对浪漫音乐感兴趣，橡胶树喜欢风琴声。

使人吃惊的是，植物还有明显的"爱"和"恨"。洋葱和胡萝卜是好朋友，它们发出的气味能驱逐相互的害虫。大豆喜欢与蓖麻相处，蓖麻发出的气味使危害大豆的金龟子望而生畏。玉米和豌豆间作，二者生长健壮，互相得益。葡萄园里种上紫罗兰，彼此能"友好共存"。捕蝇树"性格豪爽"，慷慨助人，把捕来的食物专门送给为它传授花粉的蜘蛛作为酬谢。

楔叶植物

楔叶植物由从石松类分出来的一个蕨类植物的独立群，是另一类很独特的维管植物。

楔叶植物也有根、有茎、有叶。它的茎的横切面上可以看到略呈三角形的初生木质部，中间的输导组织是原生中柱或管状中柱，还有发达的皮层，起支撑和保护植物体的作用。它的茎上有明显的节和节间，所以也叫有节植物。

它的叶是由枝条扁化合并而成的，这和石松植物的叶完全不同。早期的楔叶植物有轮生的、两歧分叉的线形叶片，后来叶的裂片在基部并合，成为深裂的叶片，以后又成为楔形叶片，裂片并合成为像鸭蹼的样子，这叫蹼化，只在前缘浅裂或不分裂。楔叶植物这个名字就是因为有楔形叶片而得来的。

它的孢子囊聚合成穗，穗长棒状，由中轴和轮生的苞片以及孢子囊托组成。孢子囊托着生在苞片里，每一孢子囊托顶端有 1~2 个孢子囊。

楔叶植物也经历了另一条独立的演化路线。

最古老的楔叶植物叫原始歧叶节蕨，出现在早泥盆纪晚期。到中泥盆纪出现歧叶节蕨，茎上的节和节间分化还不明显，枝条是两歧式分叉的，孢子囊着生在枝的顶端，所以和裸蕨有比较近的关系。以后又出现一种楔叶植物叫芦形木，茎上的节和节间已经明显分化。

早石炭纪出现芦木，具有形成层，茎干有增粗的次生生长能力，是一种高大的乔木，高可以达到 30 米，和鳞木共同生长在沼泽里。中石炭纪到晚石炭纪，芦木长得十分繁盛。但是到晚二叠纪，也和鳞木、封印木一样绝灭了。芦木也是重要的造煤植物。

到三叠纪，出现了木贼和新芦木，但是已经变成草本，茎干没有形成层，丧失增粗能力，茎很粗，但是中间是空的，髓部特别发达。到中侏罗世以后就一蹶不振了。

现存的木贼是一类小型草本植物，生活在沼泽或潮湿地带，也有少数耐旱的种类。

茎

茎是植物体的中轴部分。茎上生有分枝，分枝顶端具有分生细胞，进行顶端生长。茎具有输导营养物质和水分以及支持叶、花和果实在一定空间的作用。有的茎还具有光合作用、贮藏营养物质和繁殖的功能。

茎上着生叶的位置叫节，两节之间的部分叫节间。茎顶端和节上叶腋处都生有芽，当叶子脱落后，节上留有痕迹叫作叶痕。这些茎的形态特征可与根相区别。

大多数植物茎的外形为圆柱形，也有少数植物的茎有其他形状，如莎草科植物的茎呈三角柱形，唇形科植物茎为方柱形，有些仙人掌科植物的茎为扁圆形或多角柱形。在木本植物茎的外形上，还可以看到芽鳞痕，可以看出树苗或枝条每年芽发展时芽鳞脱落的痕迹，从而可以计算出树苗或枝条的年龄。

延伸阅读

流"血"的植物

动物有血液，难道植物也有血液吗？有的。在世界上许多地方，都发现了洒"鲜血"和流"血"的树。

我国南方山林的灌木丛中，生长着一种常绿的藤状植物——鸡血藤。当人用刀子把藤条割断时，就会发现，流出的液汁先是红棕色，然后慢慢变成鲜红色，跟鸡血一样，所以叫"鸡血藤"。经过化学分析，发现这种"血液"可供药用，有散气、去病、活血等功用。它的茎皮纤维，还可制造人造棉、纸、绳索等，茎叶还可做灭虫的农药。

南也门的索科特拉岛有种植物叫"龙血树"，它分泌出一种像血液一样的红色树脂，被广泛地用于医学和美容。这种树主要生长在这个岛的山区。英国威尔有一座公元6世纪建成的古建筑物，它的前院耸立着一株已有700年历史的杉树。这株树高7米多，它有一种奇怪的现象，长年累月流着一种像血液一样的液体，这种液体是从这株树的一条2米多长的天然裂缝中流出来的。这种奇异的现象，每年都吸引着数以万计的游客，也引起了科学家的注意。美国华盛顿国家植物园的高级研究员特利教授，对这棵树进行了深入研究，也没找到流"血"的原因。

当然，以上说的植物流的"血"，与动物的血是完全不同的。

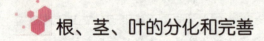 根、茎、叶的分化和完善

蕨类植物时代从距今4亿年前的泥盆纪开始，到大约距今2.2亿年前的晚二叠纪或早三叠纪，延续近2亿年。这一时期，正是植物一举从水登陆又逐步适应陆地生活并且得到大发展的时期。

裸蕨虽然已经具备了登陆条件，但是要在登陆以后继续站稳脚跟，进一步发展去占领陆地，还需要不断进化，要在陆地环境的自然选择中，通过遗传和变异，在形态结构和生理机能上发生一系列转变。这一转变的主要特征，就是植物体的根、茎、叶的分化和完善以及生殖器官的改进和发展。

蕨类植物时代正是植物的根、茎、叶从无到有，从简单到完善的一个时期，是植物的生殖方式从孢子发展到种子的前夜。所以，蕨类植物时代可以说是植物进化史中的一个转变时期。

裸蕨植物实际上还没有根，没有叶，只有一根细茎，但是已经有维管组织。茎可以进行光合作用。维管组织可以支持植物体并且输送水分养料。利用假根吸着土壤，可以吸收水分和养料。以后具有根、茎、叶的石松植物和楔叶植物相继出现。

植物的根由原始的茎的下端分化产生。石松植物先由茎变形成根托，在根托下着生不定根。以后发展成为主根和侧根，形成发达的根系。

植物的茎最初都是两歧分叉式的。以后分化成为主茎和许多侧枝。

主茎的结构，首先出现原生中柱，以后进化成管状中柱、网状中柱等。中柱主要由木质部和韧皮部组成，既有输导作用，又是支持植物体的骨架。中柱还包括中央的髓部和外围的中柱鞘。髓由薄壁组织构成，比较疏松。中柱鞘由一层或多层薄壁细胞构成。早期的蕨类植物的茎没有形成层，以后产生形成层，开始具有次生组织，中柱有次生木质

裸蕨植物

部，皮层有次生木栓层，向着多年生木本植物的方向发展。但是后期在不利的条件下，有些蕨类植物又回到草本。

植物的叶有两个来源。石松植物的叶是由茎的表面细胞突出体外发展而成的，这叫拟叶。通常的叶都是由枝条扁化而成的。但是不管是哪一种起源，它们都趋向扁平的方向发展，来增大光合作用的面积，以便吸收更多的太阳能，增强植物体的生长和繁殖的能力。

裸蕨的孢子囊是顶生的，以后趋向侧生，聚集成穗，这对保护孢子囊有利。孢子由同孢向异孢方向发展。在前裸子植物中就有大小孢子的分化，大形的孢子数目比较少，小形的孢子数目比较多。以后还是由大形孢子的孢子囊发展成为种子。

植物的根、茎、叶和生殖器官的这些进化，基本上在蕨类植物中完成了。蕨类植物时代的早、中、晚三个时期虽然各有不同的主要类群占优势，这些类群之间有的有前后相继的亲缘关系，有的属于同源异趋的平行关系，但是它们大多都是在泥盆纪就已经出现，经过石炭纪和二叠纪，在漫长的时期中，对整个植物界的进化都做出了或多或少的贡献。所以在石炭纪和二叠纪，蕨类植物大发展，形成了原始的沼泽森林和热带雨林。

只是到了晚二叠纪和早三叠纪，也就是古生代末期和中生代初期，在华力西运动的影响下，地球上气候转成干旱，蕨类植物才逐渐衰亡，而被更加进步、更加适合于陆地环境的裸子植物所代替。但是蕨类植物中的某些种类，特别是真蕨植物，虽然又变成草本植物，还一直繁衍到今天。

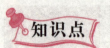

知识点

遗　传

　　遗传是指经由基因的传递，使后代获得亲代的特征。遗传学是研究此一现象的学科，目前已知地球上现存的生命主要是以 DNA 作为遗传物质。除了遗传之外，决定生物特征的因素还有环境以及环境与遗传的交互作用。

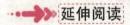

延伸阅读

能醉人的植物

　　酒能醉人，不足为奇。令人惊奇的是有些植物亦有醉人的功能。在坦桑尼亚的山野中，生长着一种木菊花又称"醉花"。其花瓣味道香甜，无论是动物或者是人，只要一闻到它的味道，立即就会变得昏昏沉沉。如果是摘一片尝尝，用不了多久，便会晕到在地。

　　生长在埃塞俄比亚的支利维那山区的一种叫"醉人草"，它会散发出一种清郁的香味。每当人们闻这种香味时，便会像喝醉了酒一样，走路跟跟跄跄，东倒西歪。如果在它的旁边待上几分钟，就会醉得连路都走不成。

　　玛努拉树是生长在南非的一种树，可以酿酒，是种"醉树"。非洲大象最喜欢吃这种果实。每当大象暴食了这种果子后，再喝进一些水，便会大发酒疯——有的狂奔不已，上窜下跳，撞倒或拔倒大树，更多的是东倒西歪，呼呼大睡，一般要两三天后才能醒过来。

　　坦桑尼亚蒙古拉大森林里，有一种能溢出美酒的毛竹，叫酒竹。这种酒只有 30 度，味纯质朴，并含有一种香味。一些吃食幼竹的动物或以酒竹汁液解渴的动物由于贪食，体内酒精大量积聚，往往醉得昏昏然，飘飘然。

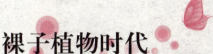

裸子植物时代

在距今约 2.8 亿年前后，亚洲、欧洲和北美洲部分地区先后开始出现酷热、干旱的气候环境。许多在石炭纪盛极一时的造煤植物，如高大的石松类、木贼类和一些树蕨等植物不能适应自然环境的变化，趋于衰落，而一些以种子繁殖的高等植物——裸子植物，因适应新的环境却得到了发展，逐渐成为植物界的主角。此时地球上的植物界发展演化到了一个新阶段，称作裸子植物时代。

植物的有性生殖

蕨类植物是孢子植物中最高等的一门，它和其他各门的孢子植物不同，已经具有维管组织，属于维管植物。这时，它们的孢子明显增大，通常都脱离母体而萌发，进而发育产生精子和卵，进行有性生殖，但是不形成种子。

比蕨类植物更高等的植物，那就是种子植物了。种子植物的低等阶段，种子外面没有包被，是裸露的，叫裸子植物。但是在蕨类植物和裸子植物之间，还有一些过渡类型的植物。一类植物已经有裸子植物的某些特点，但是还不会产生种子。这类植物，可以叫前裸子植物。另一类植物已经能产生种子，但是还保留着蕨类的许多特点。这类植物就叫种子蕨。

在蕨类植物时代，这两类植物也先后出现和繁荣。

前裸子植物是在中泥盆纪出现的，包括几个属：戟枝木属，四裂木属，原

裸子植物

始髓蕨属，髓蕨属，古羊齿属，美木属等。

最早出现的是生活在中泥盆纪到晚泥盆纪的戟枝木，是一种高大的乔木，高可以达到10米，分主茎和侧枝，侧枝呈螺旋状排列，向三个方向生长，长大约1米。末级枝条两歧分叉，但是没有扁化，样子像古代的兵器戟，所以叫戟枝木。茎里有形成层，能产生次生木质部。

泥盆纪晚期出现四裂木，也是乔木，和戟枝木不同的是侧枝对生而不是螺旋状排列的。

晚泥盆纪又出现古蕨，高25～35米，茎的直径1.6米。侧枝初生的时候呈螺旋状排列，后来扭转成对生。小枝扁化成叶，叶的裂片并合成蹼，形成近1米长的羽状复叶。茎里有髓，初生木质部在髓的周围。初生木质部的成熟次序先内后外，和前面说的石松植物相反。它还有很发达的次生木质部。次生木质部的管胞的特点和裸子植物相同。它们的孢子囊着生在小枝上，有大小两种孢子，直径相差2～10倍。这就是说，它的孢子已经由同孢发展到异孢。它具有裸子植物的一些形态结构，但是不产生种子。

种子蕨已经属于裸子植物，是从前裸子植物演变来的，但是也有的植物学家认为仍属于前裸子植物。种子蕨的叶子是典型的蕨型叶，只是角质层比真蕨的厚。这说明它比真蕨更适合于陆地生活。种子蕨不很高大，主茎很少分枝。茎的结构由原生中柱进化到管状中柱和网状中柱，有次生木质部。

种子蕨的孢子囊有柄，着生在特种的孢子叶上。原始类型的小孢子囊是蕨类植物型的。

种子蕨的种子也生在叶子上。种子是由配子体寄生在孢子体上形成的。一般种子植物由雌配子体胚珠里的卵细胞和雄配子体里的精子细胞结合，成为受精卵，发育成胚，形成种子。但是在种子蕨的化石中还只找到胚珠，没有找到过胚。因此有人认为它还不能算是真正的种子植物，只能叫作胚珠植物。

种子蕨最早出现在晚泥盆纪，石炭纪和二叠纪十分繁盛，如我国北方早二叠纪的三角织羊齿，就是一种种子蕨。种子蕨和真蕨大致上是平行发展的，与真蕨同是蕨类植物时代晚期的主要植物类群。它到中生代晚期衰亡，最后绝灭。

种子蕨也是重要的造煤植物。

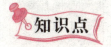 **知识点**

孢子植物

孢子植物是指能产生孢子的植物总称，主要包括藻类植物、菌类植物、地衣植物、苔藓植物和蕨类植物五类。孢子植物一般喜欢在阴暗潮湿的地方生长。

孢子是植物所产生的一种有繁殖或休眠作用的细胞，能直接发育成新个体。孢子一般微小，单细胞。由于它的性状不同，发生过程和结构的差异而有种种名称。植物通过无性生殖产生的孢子叫"无性孢子"，如分生孢子、孢囊孢子、游动孢子等；通过有性生殖产生的孢子叫"有性孢子"，如接合孢子、卵孢子、子囊孢子、担孢子等；直接由营养细胞通过细胞壁加厚和积贮养料而能抵抗不良环境条件的孢子叫"厚担孢子"、"休眠孢子"等。孢子有性别差异时，两性孢子有同形和异形之分。前者大小相同；后者在大小上有区别，分别称大、小孢子，并分别发育成雌、雄配子体，这在高等植物较为多见。

延伸阅读

最鲜美的水果

荔枝属于无患子科荔枝属，为高大常绿乔木，高可达 20 米。诗人白居易特别喜欢荔枝，他在《荔枝图序》中说："荔枝生巴峡间，树形团团如帷盖，叶如桂，冬青；花如橘，春荣；实如丹，夏熟；朵如葡萄，核如枇杷，壳如红

缯,膜如紫绡。瓤肉莹白如冰雪,浆液甘酸如醴酪……"他把荔枝的形态特征由表及里描述得淋漓尽致。

荔枝原产于我国南方,以广东、广西、福建、四川、云南、台湾等地栽培最多。直至今日,在海南岛的雷虎岭及廉江谢山,都有纵横十余里的原始荔枝林。荔枝树可说是世界上最长寿的果树之一,在福建省有许多古荔枝树。福州西禅寺生长着一株唐代"俨荔枝"树。在莆田县城原宋代一庭院内生长着一棵荔枝树,称作"宋香荔枝",相传是唐代遗留下来的,至今虽已1300多岁,但依然枝繁叶茂,年年开花结果。这棵树最大周长为7.1米,树冠高6.43米,可说是我国最古老的荔枝树,所以被莆田县列为重点保护文物。

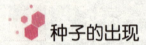 种子的出现

蕨类植物衰亡和裸子植物开始繁荣,标志着植物发展进入了第三阶段,这就是裸子植物时代。

裸子植物的某些原始类型,早在晚泥盆纪就已经出现了。但是比它早出现的蕨类植物,在当时地球上潮湿温暖的气候条件下发展比较顺利。裸子植物虽然有更进步的形态结构,还不能获得优势。只是到了晚二叠纪,气候转凉而干燥,蕨类植物不能很好适应,逐渐退出了植物舞台的中心,裸子植物才能够发挥它的优越性,成为主要的植物类群。

裸子植物的优越性主要表现在用种子繁殖上。

原来蕨类植物当初之所以能够得到大量繁殖,主要依靠它的孢子体产生大量孢子,飞散到各处,在潮湿温暖的气候条件下,很容易萌发成为配子体;配子体独立生活,在水的帮助下受精,形成合子,合子萌发才成为孢子体。但是在干燥的气候条件下,孢子很难萌发成配子体,配子体也不容易存活,特别是没有水不能受精,这就使它的这一条繁殖路线不能畅通了。

这时候裸子植物就显出优越性了。

裸子植物不同于蕨类植物的特点之一在于它的配子体不脱离孢子体独立发育,而受到母体的保护;它的受精不需要水作为媒介,而是采用干受精方式。这就给它的世代繁殖创造了优良的条件。受精卵在母体里发育成胚,形成种子,然后脱离母体。这时候如果遇到不利条件,种子可以不马上萌发,但是继

续保留它的生命力，等遇到合适的条件，再萌发成为新的植物体。这更使它保存和延续种族的能力大大增强了。

种子是怎样演变过来的呢？

原来从孢子植物演变成为种子植物，第一步是从同孢变成异孢。先是孢子囊里只含有一种类型的孢子。后来孢子分化成大小两种类型，大形的孢子数目比较少。最后含有大形孢子的孢子囊就演变成种子。

大形孢子的孢子囊演变成种子的过程大概是这样：

在植物的演化过程中，先是由大孢子萌发的配子体寄生在孢子体上。大孢子发育成熟产生卵细胞，形成雌配子体，在顶端产生颈卵器。雌配子体和大孢子囊等就组成胚珠。胚珠的中央是珠心，它在形态上就相当于大孢子囊。珠心里面就是雌配子体。珠心的外面是珠被，珠被是原来母体的营养组织，对珠心起着保护的作用。珠被顶端开着孔，叫珠孔。

在植物的演化过程中，小孢子萌发的配子体也寄生在孢子体上，演变成为雄配子体，这就是花粉。花粉经风吹送到胚珠的珠孔上以后，花粉就萌发，生出花粉管，伸到珠心。花粉管和珠心接触，管里的游动精子就被输送到雌配子体里的卵细胞，使卵细胞发生干受精。

卵受精以后，就发育成胚，形成种子。这时珠被发育成了种皮。胚还被胚乳包着，这种胚乳来自雌配子体，也就是原来的原叶体。胚乳既供给胚以养料，又保护着胚。所以这种胚在气候条件恶劣的情况下也不会受到不良影响。

裸子植物的胚珠是裸露的，胚乳在受精以前就已经形成。这是种子植物中比较低等的一个类群。

现代生存的裸子植物大约有 700 种，主要分四类：

一类叫苏铁类。这一类种数不多，包括苏铁。苏铁也叫铁树、凤尾松、凤尾蕉，是一种常绿乔木。

一类叫银杏类。这一类现存的只有银杏一种。银杏也叫公孙树、白果树，是一种落叶乔木。白果就是它的种子。

一类叫松柏类。这是在现代依然繁荣的一大类，是现存裸子植物中的主要类群。

一类叫买麻藤类。这一小组裸子植物包括麻黄、买麻藤和百岁兰。麻黄是一种药用小灌木。买麻藤是一种常绿木质藤本植物。百岁兰是一种寿命百年以上的多年生植物。

银杏树

这些裸子植物，从进化系统看，主要有两支：

一支是由种子蕨发展而来的，这是苏铁植物。苏铁植物有两大组：一组就是苏铁类；一组叫本内苏铁类。本内苏铁类已经绝灭。现存的买麻藤类可能是从本内苏铁类起源的。

一支是由前裸子植物发展而来的。早期是科达树类。科达树类已经绝灭。银杏类和松柏类是从科达树类起源的。

裸子植物时代从距今 2.2 亿年前的早三叠纪开始，到距今 1 亿年前的晚白垩纪为止，延续了大约 1 亿多年。

裸子植物时代的早期以苏铁和本内苏铁植物为主；晚期，在北半球以银杏和松柏植物为主，在南半球以松柏植物为主。

知识点

配子体

在植物世代交替的生活史中，产生配子和具单倍数染色体的植物体。

苔藓植物配子体世代发达，习见的植物体为其配子体，孢子体寄生在它上面。蕨类植物的配子体称原叶体，虽能独立生活，但生活期短，跟孢子体相比，不占优势地位。种子植物的配子体即花粉粒和胚囊，仅由很少细胞组成，不能独立生活，寄生在孢子体上。形成配子并进行繁殖的世代称为配子世代，配子世代的生物体称为配子体。

一般植物配子体为单倍染色体。

➤ 延伸阅读

最高寿的咖啡树

咖啡、可可、茶被誉为世界三大饮料。除茶树是我国原产之外，咖啡和可可皆从国外引进。虽然具体的引进时间尚待考证，但可以肯定，我国栽植咖啡的历史相当短。因为 17 世纪时，法国才普及咖啡，而由此渐渐发展到欧洲各国。

咖啡是一种矮小的常绿灌木，属于茜草科，咖啡属。其叶革质；椭圆形。花白色，有幽香。咖啡果实很美，熟时成红色，内含两粒种子。将其种子冲洗干净，经过焙炒，再进一步研碎，就成了我们平常说的咖啡。

在我国海南岛文昌县南阳乡高星村石人坡，却生长一棵高寿的咖啡树，至 1985 年为止已有 87 岁。这棵咖啡树，虽历经多次台风袭击，但至今仍枝繁叶茂，结果正常。这棵树主干围径有 67 厘米，树高 5.5 米，树荫覆盖面积约 20 平方米，已有 78 年的采摘历史，其间收获量最高的是 1957 年，共摘鲜果 180 斤，后来，由于屡受自然灾害，产量有所下降，但每年产量仍在 3500 克以上。这棵咖啡树堪称为我国的"咖啡树之王"。

⬡ 裸子植物的特征

裸子植物是种子植物中较低级的一类。具有颈卵器，既属颈卵器植物，又是能产生种子的种子植物。它们的胚珠外面没有子房壁包被，不形成果皮，种子是裸露的，故称裸子植物。

裸子植物出现于古生代，中生代最为繁盛，后来由于生态的变化，逐渐衰退。现代裸子植物约有800种，隶属5纲，即苏铁纲、银杏纲、松柏纲、红豆杉纲和买麻藤纲，9目，12科，71属。中国有5纲，8目，11科，41属，236种及一些变种和栽培种。

裸子植物很多为重要林木，尤其在北半球，大的森林80%以上是裸子植物，如落叶松、冷杉、华山松、云杉等。

铁树纲植物起源开始于古生代二叠纪，甚至可能起源于石炭纪，繁盛于中生代，是现代裸子植物最原始的类群。从种子蕨的发现、研究表明，它们有着密切的关系。在形态上，茎干都不甚高大，少分枝或不分枝，茎干表面残留叶基，顶生一丛羽状复叶；内部构造上，都具有较大的髓心和厚的皮层，木材较疏松；生殖器官结构上，小孢子叶保存着羽状分裂的特征，大孢子叶的两侧着生数个种子，呈羽状排列；它们的种子结构也很接近。这些都说明铁树类植物是由种子蕨演化而来的。

裸子植物的孢子体发达，占绝对优势。多数种类为常绿乔木，有长枝和短枝之分；维管系统发达，网状中柱，无限外韧维管束，有形成层和次生结构。除买麻藤纲植物以外，木质部中只有管胞而无导管和纤维。韧皮部中有筛胞而无筛管和伴胞。叶针形、条形、披针形、鳞形，极少数呈带状；叶表面有较厚的角质层，气孔呈带状分布。

配子体退化，寄生在孢子体上，不能独立生活。成熟的雄配子体（花粉粒）具有4个细胞，包括1个生殖细胞、1个管细胞和2个退化的原叶细胞。多数种类仍有颈卵器结构，但简化成含1个卵的2～4个细胞。

裸子植物的胚珠和种子裸露。裸子植物的雌、雄性生殖结构（大、小孢子叶）分别聚生成单性的大、小孢子叶球，同株或异株；大孢子叶平展，腹面着生裸露的倒生胚珠，形成裸露的种子。种子的出现使胚受到保护以及保障供给胚发育和新的孢子体生长初期所需要的营养物质，可使植物度过不利环境和适应新的环境。小孢子叶背部丛生小孢子囊，孢子囊中的小孢子或花粉粒单沟型、有气囊，可发育成雄配子体，产生花粉管，将精子送到卵，摆脱了水对受精作用的限制，更适应陆地生活。少数种类如苏铁属和银杏，仍有多数鞭毛可游动。由此可以说明，裸子植物是一群介于蕨类植物与被子植物之间的维管植物。

花粉成熟后，借风力传播到胚珠的珠孔处，并萌发产生花粉管，花粉管中的生殖细胞分裂成2个精子，其中1个精子与成熟的卵受精，受精卵发育成具有胚芽、胚根、胚轴和子叶的胚。原雌配子体的一部分则发育成胚乳，单层珠被发育成种皮，形成成熟的种子。

裸子植物常具多胚现象，多胚现象的产生有两个途径：一是简单多胚现象，由一个雌配子体上的几个颈卵器同时受精，形成多胚；另一是裂生多胚现象，仅一个卵受精，但在发育过程中，原胚分裂成几个胚。

在早期的分期里，裸子植物被认为是一个"自然"的群体。但是，一些化石的发现猜测被子植物可能演化自一裸子植物的祖先，这将使得裸子植物形成一个并系群，若将所有灭绝的物种都考虑进来的话。现代的亲缘分支分类法只接受单系群的分类，可追溯至一共同的祖先，且包含着此一共同祖先

多胚裸子植物

的所有后代。因此，虽然"裸子植物"一词依然广泛地被使用来指非被子植物的其他种子植物，但之前一度被视为裸子植物的植物物种一般都被分至四个类群中，以让植物界内的门都有着相同的阶层。

知识点

子 房

　　子房是被子植物生长种子的器官，位于花的雌蕊下面，一般略为膨大。子房里面有胚珠，胚珠受精后可以发育为种子。是被子植物花中雌蕊的主要组成部分，子房由子房壁和胚珠组成。当传粉受精后，子房发育成果实。子房壁最后发育成果皮，包裹种子，有的种类形成果肉，如桃、苹果等。

子房在被子植物雌蕊中分化雌性生殖细胞的部分，为一至数枚心皮的、边缘以围卷状态愈合的囊状器官。一般心皮的边缘进一步卷入成为胎座，着生有相当于大孢子囊的胚珠，在内表皮上也能形成胚珠。子房壁由角质化的表皮和许多薄壁细胞及维管束等构成。每一枚心皮的背侧有主脉，由此分出叶脉状细脉。相当于卷入的两叶缘的部分也分化有单条维管束。是被子植物花中雌蕊的主要组成部分，子房由子房壁和胚珠组成。当传粉受精后，子房发育成果实。

　　子房可分为单心皮子房和多心皮子房，多心皮子房又分为，离心皮子房与合生子房。

延伸阅读

仅存一株的树木

　　享有"海天佛国"盛名的普陀山，不仅以众多的古刹闻名于世，而且是古树名木的荟萃之地。在普陀山慧济寺西侧的山坡上生长着一株称作普陀鹅耳枥的树木。这种树木在整个地球上只生长在普陀山，而且目前只剩下一株，因此被列为国家重点保护植物。

　　普陀鹅耳枥是1930年5月由我国著名植物分类学家钟观光教授首次在普陀山发现的，后由林学家郑万钧教授于1932年正式命名。据说，在20世纪50年代以前，该树在普陀山上并不少见，可惜目前只留下这一株。遗存的这株"珍树"高约14米，胸径60厘米，树皮灰色，叶大呈暗绿色，树冠微扁，它虽度过许多大大小小的风雨寒暑，历尽沧桑，却依然枝繁叶茂，挺拔秀丽，为普陀山增光添色。

　　普陀鹅耳枥在植物学上属于桦木科鹅耳枥属。该属植物全世界约有40多种，我国产22种。分布相当广泛，在华北、西北、华中、华东、西南一带都有它们的足迹。其中有些种类木材坚硬，纹理致密，可制家具、小工具及农具等。有些种类叶形秀丽，果穗奇特，枝叶茂密，为著名园林观赏植物。

　　普陀山环境幽美、气候宜人，是植物的极乐世界，全岛面积共约12平方千米，华盖如伞，绿荫遍布。据统计，共有高等植物400余种，仅树木就有184种，有"海岛树木园"之盛名。那里有许多古树名木，特别是古樟约有1200余株。此外，像楠、松、桧、柏、罗汉松等屡见不鲜。在国家重点保护植物中还有被誉为"佛光树"的舟山新木姜子；只有普陀山分布的全缘冬青以及银杏、红楠、铁冬青、青冈、蚊母树、赤皮椆等。

据报道，我国只剩一株的树木，除普陀鹅耳枥之外，还有生长在浙江西天目山的芮氏铁木，又名天目铁木。这株国宝属于桦木科，铁木属。铁木属这个家庭共有4名成员。它们皆为落叶小乔木，分布于我国的西部、中部以及北部。可喜的是，仅剩的这株铁木1981年结了少数几粒果实，科学工作者已用它进行育苗试验，并进行了扦插繁殖。铁木材质较坚硬，可供制作家具及建筑材料用。

松　科

裸子植物的主要代表有松树、杉树、银杏、柏树几大类。

乔木，稀灌木，有树脂。树干端直，老树皮多鳞状开裂，树冠常呈塔形。叶线形、锥形或针形，螺旋状排列，单生、束生或在短枝上簇生。雌雄同株，雄球花长卵形或圆柱形，雄蕊多数，螺旋状着生，每雄蕊有2花药，花粉有气囊；雌球花具多数珠鳞，每珠鳞具2倒生胚珠，苞鳞与珠鳞分离。球果，成熟时种鳞开张或不开张，每1种鳞有种子2，种子上端具1膜质翅，稀无翅。

本科分3亚科，12属，226种。我国11属，110多种，分布广泛，多为高大乔木，常组成大面积森林，绝大多数是用材树种，也有著名的园林观赏树木和稀有珍贵种类，如广西北部和四川东南部近年新发现的银杉，为我国所特有，已列为全国第一类重点保护的珍贵树种。

冷杉属

常绿乔木。小枝有圆形平或凹的叶痕。叶单生，线形，扁平，常成羽状排列，表面中脉通常微凹，背面有两条白色气孔带。雌雄球花均单生叶腋。球果直立，一年成熟，熟时种鳞与种子齐落，果轴宿存枝上。种子有翅；子叶4～10。约40种，产北温带及亚热带。我国约18种，主要分布东北、华北、西北及西南高山上部，为分布区内天然林中的主要林木。

1. 冷杉（塔杉）

大乔木，高达40米，胸径1米。树皮褐灰色，呈不规则块状开裂；小枝淡灰黄色，凹槽内疏生短毛。叶线形，长1.5～2.5厘米，先端钝有凹缺，边缘厚多少反卷，树脂道2，边生。球果卵状圆柱形，熟时暗黑色或蓝黑色，稍被白粉，长7～17厘米，径3.5～5.5厘米；种鳞扇形，苞鳞先端凸尖，微露于种鳞之外。种子有翅，长5～8毫米。4月下旬开花，10月种熟。

分布于四川中部至南部海拔2000～4000米高山，直达森林垂直最高分布界线，常组成大面积纯林或混交林，为产地重要用材树种之一。耐阴，浅根性，适生于气候寒冷、湿润的高山高原地带，喜酸性土壤和排水良好的地方，生长慢。用种子繁殖。木材白色，较轻软，供建筑、板材、器具等用，也为造纸、人造丝及火柴杆等原料。皮层分泌的胶液，可精制冷杉胶，是光学仪器的重要黏合剂。

2. 杉松（沙松冷杉，辽东冷杉）

乔木，高达40米，胸径1米。幼树皮灰褐色或白褐色，粗糙不裂，老时暗褐色，浅纵裂；一年生枝灰黄色或淡黄色，无毛，有圆形叶痕。叶线形，长2～4厘米，宽1.5～2.5毫米，先端急尖或渐尖，树脂道2，中生。球果，圆柱形，长6～12厘米，径约3.5厘米；种鳞肾形，宽约3厘米，长约1.5厘米；苞鳞匙形，先端刺状，不露出。种子有翅，长约2毫米。4～5月开花，10月种熟。

分布东北松花江以南东部山区，为针阔混交林的主要林木之一。在长白山区海拔800～1500米山麓，常与红松、鱼鳞松、红皮云杉、臭松、白桦、槭树等混生，极少纯林。耐阴，浅根性，极耐寒，喜湿润肥沃土壤，稍耐干旱；幼苗生长较慢，10年后渐快。用种子繁殖。木材白色，较轻软，纹理直，有光泽，抗腐性较差，为良好的造纸原料，也

杉 松

可供作建筑、器具、机械、、造船、电杆、乐器及火柴杆等用材。种子含油量30%，油可制肥皂等。

云杉属

常绿乔木。树皮鳞状开裂，小枝有隆起的叶枕，其基部下延；小枝基部有宿存芽鳞。叶锥形，横切面菱形，四面有白色气孔带；或线形扁平，仅表面有两条气孔带；中脉两面隆起。雄球花单生叶腋，雌球花单生枝顶。球果下垂，卵状圆柱形；种鳞宿存，薄木质或近革质，苞鳞甚小，不露出。种子较小，有翅；子叶4~9。有46种。我国23种，6变种，分布东北、华北、西北、西南及台湾等高山地区。

1. 红皮云杉（红皮臭）

乔木，高30米以上，径达80厘米。树冠圆锥形，树皮灰褐色或淡红褐色，鳞状开裂，裂缝红褐色；一年生枝红褐色，主枝无毛，侧枝有疏毛；冬芽长圆锥形。叶四棱状锥形稍弯曲，四面均有白色气孔线，长1.2~2厘米，先端圆具尖刺。球果圆柱形或卵状圆柱形，长6~8厘米，宽约3厘米，成熟后黄褐色；种鳞倒卵形，先端圆形，基部楔形，边缘略呈波状，露出部分光滑无明显纵纹。种子较小，倒卵形，黑褐色，长约4毫米，有长翅。5月开花，9月种熟。

分布东北小兴安岭，长白山，长白山区的垂直分布约在海拔500~1800米之间。耐阴，浅根性，喜生于湿润的溪谷旁，常与红松、落叶松、臭松等混生，无纯林。材质较鱼鳞松软。边材淡黄褐色，心材黄褐色，有光泽，供作乐器、家具、造船、造纸及火柴杆等用材。

2. 丽江云杉

乔木，高50米，胸径2.6米。树皮深褐色，深裂或不规则开裂；小枝淡黄色，有疏生毛；冬芽圆锥形。叶扁菱形，叶背近中脉处有1~2条气孔带，表面每边有5~6条气孔带。球果大，卵状长圆形或圆柱形，长7~12厘米；种鳞菱状卵形，顶端钝圆，边缘呈波状，成熟时褐色或淡红褐色。3~4月开花，10月种熟。

分布云南西北部、四川西南部等海拔2500~3800米高寒山区，有大面积纯林或与其他针叶树混生，是产区主要造林树种之一。较耐阴，浅根性，喜生于气候温凉湿润、酸性土壤、肥沃深厚的地区。生长较慢。用种子繁殖，天然

下种更新良好。材质轻软，纹理直，结构细，坚韧富弹性，是造纸、建筑、车船、家具、乐器、航空等优良用材，也是很好的园林树种。

油杉属

常绿乔木。树皮纵裂。叶线形扁平，革质，螺旋状着生成羽状排列，中脉两面隆起，叶背常有两条气孔带。雌雄同株，雄球花簇生，雌球花单生枝顶。球果圆柱形，大而直立；种鳞木质，宿存；苞鳞先端3裂，露出或不露出。种子粒大，有翅，种翅和种鳞近于等长，子叶2。有12种，东亚特产。我国10种，耐干瘠，适性广，在长江流域以南有发展前途。

1. 油杉（罗松）

乔木，高达30米，胸径2米。一年生枝淡红褐色或淡粉红色。叶先端钝尖或钝，叶背有两条白色气孔带。球果长8~18厘米，种鳞近圆形，边缘微内曲。种翅斧形，与种鳞等长。3~4月开花，11月种熟。分布广东、广西、福建、浙江、湖南等海拔1000米以下山地，多与针阔叶树混交，少纯林。喜光，深根性，耐干瘠，适酸性、钙质土壤；幼时生长慢，5年后较快；有萌芽力。用种子繁殖，天然下种更新良好。

油 杉

木材纹理直，结构细，有光泽，坚实耐久，供作建筑、枕木、桥梁、矿柱、家具等用材。种子富油分，油可作油漆、润滑等用。此树种可用于荒山造林和园林绿化。

2. 铁坚杉（牛尾杉）

乔木，高40米，胸径2.5米。一年生枝淡灰色。叶先端钝或微凹，但幼树和萌芽枝的叶先端锐尖，果枝的叶具刺状尖头。球果大，长12~20厘米，种鳞斜方状卵形或卵形，上部边缘微外曲。分布于陕西南部、四川、湖北、贵州、湖南、广西等海拔600~1300米山地，常与针阔叶树混生，稀成纯林。

习性用途与油杉近似，但适性较广，垂直分布较高。

铁坚杉

铁杉属

常绿乔木。树皮深纵裂，大枝平展，小枝纤细，先端略下垂；叶枕隆起。叶线形、羽状排列，叶柄短，表面中脉凹下，叶两面或仅背面有白色气孔线。雄球花单生叶腋，雌球花单生枝顶。球果小而下垂，种鳞革质，苞鳞小，不露出。种子有翅；子叶3~6。约17种。我国3种，3变种。分布秦岭、长江以南。耐阴，常生于湿润、温寒高山地区的酸性土壤中。

1. 铁杉

乔木，高50米，胸径1.6米。树冠塔形，树皮深灰褐色，内皮红褐色；一年生枝纤细，叶枕间的纵槽内有毛。叶先端凹缺，长1~3厘米，宽2~3毫米，表面深绿色有光泽，幼叶背有白粉。球果黄褐色，卵圆形或长卵圆形，长1.5~2.7厘米，径约1~1.5厘米，位于球果中部的果鳞呈五角状圆形或近圆形。种子卵形。4月开花，10月种熟。

分布西藏东部，陕西南部，四川东部，湖北西部，贵州东北部，广东、广西北部，台湾高山区，垂直分布约达海拔1000~3300米。常与高山落叶阔叶树及云杉、冷杉等混生。耐阴，喜凉爽多雨气候和酸性土壤，根系较浅，生长慢，有萌芽力。用种子繁殖，也可萌芽更新。

木材黄红色，心边材区分不明，生时有异味，强度适中，少翘裂，耐久用，适于作家具、室内装饰、胶合板等用材。树皮含单宁约10%~15%，可提取栲胶。

黄杉属

常绿乔木。冬芽无油脂；小枝平滑或叶枕微隆起。叶线形，羽状排列，表面中脉下凹，背面中脉两侧各具 1 条白色气孔带；树脂道边生。雄球花单生叶腋，雌球花单生枝顶。球果下垂，种鳞蚌壳状，木质，苞鳞显著露出，先端 3 裂，中裂片狭长。种子连翅较种鳞为短；子叶 6～12。有 10 种。我国 6 种，散生于长江流域以南。

1. 黄杉（华帝杉）

乔木，高 50 米，胸径 1 米。一年生枝淡黄色，有细毛，后变灰褐色，无毛；两年生枝灰色。叶线形，先端凹缺。球果卵形或椭圆状卵形，长 5～8 厘米，种鳞宽厚，露出部分密生黄褐色毛，基部楔形，两侧有凹缺，苞鳞先端三裂，向外反曲。5 月开花，10 月种熟。

分布西南及湖北等海拔 800～2800 米山地。中等喜光，在土层深厚、湿润、温暖地区生长良好，生长尚快，耐干旱。用种子繁殖。边材淡褐色，心材红褐色，纹理直、坚韧，供建筑、家具、枕木用。产区可选作高山中、上部造林树种。由于分布星散，数量稀少，需加强母树的保护。

黄杉

落叶松属

落叶乔木。树皮厚，沟状开裂；枝有明显的长短枝之分。叶线形柔软，在长枝上螺旋状排列，在短枝上为簇生。雌雄同株，球花单生于短枝顶端，雄球花球形或圆柱形。球果近球形，种鳞革质，宿存；苞鳞显著。种子小，三角形，具长翅，子叶 6～8。约 16 种。我国 10 种，引入 1 种。

1. 兴安落叶松（意气松）

乔木，高达 30 米，胸径 80 厘米。大枝平展，梢部有时稍下垂，形成卵状圆锥形树冠；幼树皮暗褐色，片状剥落，落痕紫色，老皮暗灰褐色，鳞状纵裂；一年生枝纤细，淡黄色，有纵沟，密生短柔毛或近平滑无毛。叶线形极细，长 1.5～3 厘米，先端锐尖，背面中脉隆起，气孔带不明显。球果卵形或卵状椭圆形，长 1.2～1.8 厘米；种鳞 16～20 枚（稀有较多者），卵形，先端微凹或狭楔形，边缘有时具不整齐的细锯齿，有光泽，黄褐色或紫褐色，坚硬；苞鳞先端渐尖呈截形，中间具细长尖，在球果基部两层种鳞间的先端露出。种子有褐色斑纹。5月开花，9月种熟。

分布于内蒙古东部、黑龙江，为大小兴安岭针叶林的主要树种，常形成广大纯林。各地均有大面积的人工林。喜光，浅根性，耐寒，喜生于山坡、河谷两岸平坦肥沃地区，瘠薄地区也能生长，但发育不良。用种子繁殖。

边材淡褐色或黄白色，心材赤褐色，坚硬致密，有香气，耐腐朽，纹理直，供作建筑、造

兴安落叶松

船、枕木、电柱、器具、造纸等用材，为黑龙江最重要的速生用材树种。树脂可提制松节油。树皮可提取单宁。

3. 华北落叶松（红杆）

乔木，高达30米，胸径1米。树冠圆锥形，树皮灰褐色，呈不规则鳞状开裂，一年生枝暗赤褐色。叶线形，扁平，长1.1～2厘米，先端钝圆，背面中脉隆起。球果卵圆形，种鳞约45片，卵形，先端近圆形或截形，微凹，近平滑，有光泽；苞鳞膜质，长约1厘米，宽约4毫米，卵状长圆形，先端微狭截形，有4～5齿，中央有长尖，长约为种鳞的一半，仅上部和下部两层露出。5月开花，10月种熟。

分布在华北高山上部地区，在河北雾灵山、小五台山、山西省恒山、海拔1400～2800米之间组成纯林或混交林。辽宁、内蒙古也有分布。喜光、浅根性，耐寒，生长较快，寿命长。用种子繁殖。边材淡黄色，心材红褐色，质坚韧，致密，有香气，耐腐朽，供作建筑、造船、电柱、枕木、家具等用材。可选为庭园行道绿化和华北高山中上部造林树种。

金钱松属

仅1种，为我国特产。

华北落叶松

　　金钱松（金松），落叶乔木，高达40米，胸径1米。干端直，树冠塔形，一年生长枝褐色、无毛，短枝灰黑色。叶线形、扁平柔软，在长枝上为螺旋状散生，在短枝上轮状簇生，长7厘米，宽约2～3.5毫米，背面中脉隆起，有2条白色气孔带。雄球花多数簇生于短枝，雌球花单生于短枝顶端。球果卵形、直立，种鳞向外开展，木质，先端有凹缺，基部心脏形，成熟时，种鳞自中轴脱落。5月开花，10月种熟。

　　分布在江苏南部，安徽南部和西部，浙江、江西、湖南、福建、四川东部，湖北西部；浙江天目山、安徽黄山尚有大树。垂直分布可达海拔1500米，常与柳杉、杉木、毛竹或常绿阔叶树混生。喜光，喜生于气候温暖，雨量充沛，排水良好的酸性土壤，在干瘠、积水、盐碱土或石灰岩山地，生长不良；幼期生长较慢，5年后转快，抗火性较强。用种子繁殖。

　　木材坚重，结构略粗，纹理直，较耐水湿，供作建筑、造船、桥梁、家具等用材。根皮作药用。树姿秀丽，秋叶金黄色，为世界著名园林观赏树种之一。长江流域山区可选作主要造林树种。

雪松属

　　常绿乔木。树皮鳞片状开裂。大枝轮生，平展，有长短枝之分。叶在长枝上螺旋状着生，在短枝上簇生，针形，尖硬。花单性同株，球花单生。球果大，直立，卵形或椭圆形；种鳞木质，宽大；苞鳞小。球果2年成熟，成熟时种鳞全部脱落。种子有三角形长翅。有4种。我国1种。

　　1. 雪松（喜马拉雅松）

　　乔木，高达60米，胸径2米。针叶长2.5～5厘米，幼时具白粉，叶横切面三角形。球果椭圆状卵形，种鳞宽倒三角形，两侧边缘薄，有不规则细锯齿，背面密生锈色毛。2月中、下旬开花，次年10月种熟。

原产喜马拉雅山西部海拔 1300～3300 米高山地区，在西藏西南部，常组成天然纯林，在华东、华中城市栽培，生长良好；北京、旅大等地生长较差。

喜光，浅根性，在气候温和凉润、排水良好的酸性、肥沃深厚土壤中，生长发育良好，不耐水湿，在向风地区，主干顶梢常弯曲。用种子或 2～4 年生幼树嫩枝扦插繁殖。

雪　松

边材黄白色，心材黄褐色，坚实致密，有香味，少翘裂，耐久用，供作建筑、桥梁、造船等用材。本种主干通直，侧枝平展，树冠塔形，雄伟秀丽，与金钱松同为世界著名园林观赏树种。

松属

常绿乔木，稀灌木。大枝轮生。叶两型：初生叶鳞片状或线形，早落或宿存而成为次生叶的叶鞘；次生叶针形，2、3、5 枚束生。雄球花多数成莱黄花序状的花丛，集生于新枝的基部，雄蕊多数，螺旋状着生，雌球花淡绿色或淡紫色，侧生或顶生，单生或少数集生，由多数螺旋状着生的珠鳞组成，每 1 珠鳞生于 1 苞鳞的腋内，内侧着生胚珠 2。球果近球形至圆柱形，种鳞木质，苞鳞小形；种鳞上端露出的部分叫鳞盾，鳞盾中央或顶部隆起的部分为鳞脐。种子有翅或无翅。球果次年秋季成熟。约 80 种。我国 21 种，17 变种，引入 11 种，分布遍及全国，为组成森林和造林用的主要树种。

1. 华山松（白松、五须松、果松）

乔木，高达 35 米，胸径 1 米。幼树皮灰褐色、平滑，老树皮厚方块片开裂，但不剥落；冬芽褐色。针叶较粗硬，通常 5 针一束，叶鞘早落；叶内维管束 1，树脂道 3，背面 2 个边生，表面 1 个中生。球果较大，圆锥状，长卵形，长 10～20 厘米，鳞盾背面菱形，不反卷，无纵脊，鳞脐小，顶生。种子大，椭圆形，有光泽，无翅，黑褐色。4～5 月开花，次年 9～10 月种熟。

　　分布陕西、甘肃、山西西南部及西藏东南部、山东、湖南、湖北等地，多在海拔 1000～3300 米间组成纯林，或与去南松、栎类混生。是我国西部、西南部中高山地区的重要树种。喜光，深根性，适生于润湿肥厚的荫坡或林缘，亦能生于石灰岩山的石缝中，生长较快，不宜在低海拔、干燥炎热、盐碱土地区造林。用种子繁殖。

　　边材淡黄色，心材淡红褐色，结构稍粗，质轻软，纹理直，不翘裂，耐腐朽，供作建筑、电杆、枕木、家具、造纸等用材。种仁含油量 42%，是著名食用"松子"，亦可榨油，也可收采松脂。

　　2. 樟子松（帐子松、海拉尔松）

　　乔木，高达 20 米，胸径 80 厘米。树冠广卵形，下部树皮厚，黑褐色，鳞甲状深裂，表面呈不规则的薄片状剥落，上部淡黄褐色，无裂沟；一年生枝淡黄褐色，无毛；冬芽卵状圆锥形，淡红褐色。叶 2 针一束，短宽，硬而扭转，长 4.2～9 厘米，叶内维管束 2，树脂道 7～11，边生；叶鞘宿存。球果长卵形或先端急狭，基部圆形，长 3～6 厘米，径 1.6～3 厘米，鳞盾为不整齐菱形或不整齐五角形，鳞脐隆起。上部种鳞的鳞脐先端常反曲。种子较小，黑褐色，长卵形或长倒卵形，种翅小。4～5 月开花，次年 9 月种熟。

樟子松

　　分布在黑龙江、内蒙古东部，为大兴安岭林区和呼伦贝尔地区主要森林树种之一。

　　喜光，耐干瘠，不耐水湿，常生于干燥山坡及山峰上，在沙丘上生长良好。用种子繁殖。

　　边材淡黄褐色，心材淡红褐色，质轻软，供作建筑、造船、器具、箱板等用材。树脂可提取松节油。树形优美，可为庭园绿化树种。由于生长快，成材期短，耐贫瘠土壤，适应性强，且材质优良，因此在黑龙江各地，辽宁章古台，吉林西部等沙地，已经大面积造林，生长良好，是东北沈阳以北山区，沙丘地区的造林树种。

3. 马尾松

乔木，高达 40 米，胸径 1 米。树皮红褐色，块状深裂；冬芽褐色。叶 2 针一束，稀 3 针或 1 针一束，细长柔软，叶内维管束 2，树脂道 6～7，边生；叶鞘宿存。球果长卵形，长 4～7 厘米，熟时褐色，鳞盾平，鳞脐常无刺，微凹。种子长卵圆形，有长翅；子叶 5～8。3～4 月开花，次年 11～12 月种熟。

习见于我国南部海拔 1500 米以下的山地、丘陵，常有大面积纯林。分布范围从淮河、秦岭以南，至广东、广西南部，东至东南沿海，台湾，西到贵州、四川中部，遍及南方 15 个省（区）。在我国松树中，分布最广，数量最多。

最喜光，深根性，耐干瘠，喜酸性土壤，能在石砾土、黏土和山岩隙缝中生长，不适钙质或盐碱土，怕水涝。用种子繁殖，天然下种更新良好。

木材淡黄褐色，有心材、边材之分，结构粗、富含松脂，在水中能耐腐，有"万年水底松"之称，供作建筑、枕木、矿柱、家具等用材，木材纤维细长，是我国造纸和人造纤维的主要原料。也是我国最重要的产脂树种，产量占全国总产量的 90% 以上；从松脂提取的松香、松节油，供化工、医药等用，畅销国际市场。枝干可培养中药茯苓。也是我国南方重要的荒山造林先锋树种。

4. 南亚松（海南松）

乔木，高达 30 米，胸径 1 米。树皮灰褐色，厚而粗糙，鳞状深裂。叶 2 针一束，密集于小枝上，比马尾松的针叶粗而硬，横切面半月形，叶内维管束 2，树脂道 2～7，中生；叶鞘宿存。球果长卵形，单生或对生，鳞盾菱形，横脊隆起，鳞脐下凹。种子椭圆状，微扁，灰黑色，较大，长 5～8 毫米，宽 4 毫

南亚松

米，具长翅。3~4月开花，次年8~9月种熟。

分布海南岛、广东西南部、广西南部、近海的低山丘陵地区。

喜光，深根性，耐高温干旱，能在瘠薄多砾的红壤和滨海冲积的粗沙土中生长；4~5年生的幼树，高生长缓慢，粗生长较快，形成胡萝卜状短茎和草丛状，抗火性较强，寿命长。用种子繁殖，天然下种更新良好。

木材纹理直，结构细，质稍软，略翘裂，较耐腐，用途与马尾松相似而质量较好。松脂产量高，制取的松香，色浅透明，比马尾松松香质优。可选为海南岛低山丘陵和广西滨海地区的荒山造林树种。

5. 黄山松（台湾松）

乔木，高达30米，胸径80厘米。树皮深灰褐色，鳞片状脱落；冬芽深褐色；一年生枝淡黄褐色或暗红色。针叶2针一束，较短而粗硬，叶内维管束2，树脂道3~4，中生；叶鞘宿存。球果卵圆形，近无柄，熟后栗褐色，鳞盾肥厚隆起，横脊明显，鳞脐背生，有短刺。种子有翅。3~4月开花，次年10月种熟。

分布台湾、福建、浙江、安徽、江西、湖南、贵州等海拔600~2800米山地，在东南部高山上较为习见。

喜光，深根性，喜酸性土壤和凉爽湿润气候，也耐干瘠，生长较马尾松慢。用种子繁殖。

用途近似马尾松，但材质较好。在高山风口地带，多呈灌木状，或枝干弯曲，树冠偏斜，枝叶浓绿，细短苍劲，别有特色，如我国著名游览区黄山上的黄山松，成为独具一格的优美风景树。

6. 黑松（日本黑松）

乔木，高达30米，胸径1米。树皮黑灰色，鳞片状剥落，老树皮厚，呈龟甲状开裂，幼树冠圆锥形，老树枝水平开展，呈伞形树冠；嫩枝橙黄色，无毛；顶芽卵形或卵圆形，白色或灰白色。叶2针一束，粗硬而直，长7~15厘米，浓绿色，叶内维管束2，树脂道6~11，中生；叶鞘宿存。球果圆锥状卵形，长4~6厘米，径约3厘米，种鳞楔形，鳞盾扁平，呈不整齐菱形，中央凹陷，鳞脐有小突尖。种子有翅。5月开花，次年9月种熟。

原产日本，朝鲜南部。我国辽宁、山东、江苏、台湾及湖北武汉、安徽南部、上海等常栽培或用于造林。

最喜光，深根性，适性广。耐干瘠，能在酸性、钙质、微盐碱土中生长，抗病虫能力较强，生长较快。用种子繁殖，天然下种更新良好。木材松脂多，质坚韧，供建筑、矿柱等用。可选为园林绿化和华东沿海荒山荒滩造林树种。

7. 加勒比松

乔木，高达 40 米，胸径 1 米。树皮红棕色至灰色，长块状开裂或剥落。叶通常 3 针一束，少数 4~5 针、极稀 2 针一束，浅绿色或黄绿色，较细柔，叶内维管束

日本黑松

2，树脂道通常 3~4，内生，稀为 2~8；叶鞘宿存。球果圆锥形，反曲着生于新梢顶端，长 5~12 厘米，径 2.5~4 厘米，鳞盾呈红褐色或褐色，具光泽，鳞脐突起，先端具一细直短刺。种子窄卵形，浅棕色或灰色，有长翅，具斑点。2~3 月开花，次年 7~8 月种熟。

原产美洲，为热带著名的高产、速生松类之一。我国于 1963 年少量引入，栽于广东、广西，生长良好。1973~1974 年又较大量地引种于广东、广西、福建、浙江等地，生长良好，为我国南亚热带低海拔地区，有发展前途的优良速生用材树种。

喜光，深根性，耐干瘠，生长迅速，每年抽梢达 5~7 次，有萌芽力。通常用种子繁殖，也可用压条、扦插、嫁接等繁殖。

原产地认为在木材利用方面和湿地松相近，但所造纸张的强度、洁白度较低，不耐折叠；富松脂，可利用。

加勒比松有 3 个主要变种：古巴加勒比，叶 3 针（稀 4~5 针）一束，树脂道常 3~4；球果长 7~10 厘米；干形最好，抗病虫能力较强，较耐寒，喜酸性土壤。洪都拉斯加勒比，形态性状与前者近同，生长最速，但干形常弯曲。巴哈马加勒比，叶 2~3 针一束，树脂道常 7~9，球果较小，约 6~7 厘米，能生长于珊瑚石灰岩形成的浅薄土层中；干形尚好，但最不耐寒。

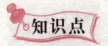

知识点

亚　科

　　亚科是生物分类法的一级，在科和属之间，有时亚科和属之间也分族。次于科的一个科级的分类等级。一个科可再分为若干亚科，每个亚科由这个科内一个特殊的属或若干与其他属性状不同的属组成。

➤ 延伸阅读

胎生的红树

　　生活在我国南方海域中的红树，是一种典型的胎生植物。它同其他植物一样要开花、授粉、受精、结籽。但是，它的种子在成熟之后却与其他植物不同：一是不离开母体，二是要吸收母体的营养而萌发。所以，在红树开花结果的时候，便可以看到树上会结满几寸长的"角果"。不过，这种角果并不是红树的果实，而是由种子萌发的幼苗。

　　一株株幼苗长成后，就会在重力的作用下脱离母体，坠落在海滩上或是海水中。若是落在海滩上，就可以直接插入淤泥里，扎根成为一棵小树。若落在海水里，它可以依靠粗大下胚轴里的通气组织，在海上漂流，一旦海潮把它送到海滩，几小时便可以长出侧根，很快就能够扎根生长。

　　红树幼苗扎根之后，生长速度是很快的，平均每小时可以长高 3 厘米左右，到 1.5 米高时就可以开花结果。所以，一株幼苗用不了几年的时间便能够造成一片红树林。

⬡ 杉　科

　　乔木。树干通直，树皮长条状纵裂，富纤维。叶螺旋状着生，稀对生，披针形、线形和钻形，稀鳞形。花单性，雌雄同株，雄球花有多数雄蕊，每一雄蕊有花药 2 ~ 9；雌球花有多数螺旋状排列的珠鳞，每个珠鳞有直立胚珠 2 ~ 9；苞鳞与珠鳞愈合。球果木质或革质，当年成熟，熟时种鳞张开。种子有翅或具棱脊；子叶 2 ~ 9，10 属，约 20 种。我国 5 属，8 种，引入数种，多为重要用材和园林绿化树种。

杉属

常绿乔木。叶线状披针形，螺旋状着生，在侧枝上成羽状排列。雄球花簇生枝顶，每雄蕊有 3 个花药。球果近球形或阔卵形，种鳞小，每 1 种鳞具种子 3；苞鳞大而扁宽，革质。种子扁平，两侧有窄翅；子叶 2，2 种，我国特产，其中峦大杉分布台湾北部山区。其代表是杉木。

杉木也叫正杉、广叶杉，属大乔木，高达 30 米，胸径 3 米。树皮薄，灰褐色，大枝轮生，平展。叶较硬，背面有两条白色气孔带，叶绿有细锯齿。球果卵圆形，长 3 ~ 6 厘米。苞鳞革质，顶端边缘有细锯齿。3 ~ 4 月开花，10 ~ 11 月种熟。

分布秦岭、淮河以南，是我国南方分布最广，经济价值最大的优良用材树种，主要产区是江西，浙江南部，福建，广东、广西北部，湖南西南部和贵州东南部，有大面积人工纯林。垂直分布多在海拔 600 ~ 1000 米，云南东部高山地区达 3000 米。

较喜光，浅根性，适温暖湿润、雨量充沛、静风多雾、土壤肥厚、排水良好的酸性土壤，在阴坡，沟谷及山坡下部生长良好，在干瘠当风的阳坡、山脊、低丘、台地、生长不良；萌芽力强，生长迅速。用种子、插条和嫁接繁殖。

边材黄白色，心材红褐色，质轻软，纹理直，有香气，耐腐抗蛀，不翘裂，易加工，为建筑、桥梁、电杆、造船、家具、造纸等重要用材。树皮纤维韧长，可制纤维板和造纸。是我国南方最重要的速生优质用材树种，各地都在大力发展造林。

我国栽杉的历史悠久，经长期选育，已有许多优良品种，最主要的是：黄杉（油杉、铁杉），嫩枝新叶黄绿色，叶尖而硬，有光泽；木材色红，较坚实，生长较慢，较耐干瘠，适培育中小径材。灰杉（糠杉、芒杉），新叶蓝绿色，被白粉，叶较长而软，无光泽；木材色白，较疏松，生长较快；但抗旱能力较差，要求立地条件较高，可以培育成大径材。线杉（软叶杉、柔叶杉），叶薄柔软，枝条下垂，栽种较少，分布云南、湖南、广西等地。

柳杉属

常绿乔木。叶钻形，螺旋状近似5列着生。雄球花聚生成短穗状，每个雄蕊有花约2～5片；雌球花单生于枝顶。球果近球形，种鳞盾形肥大，木质，顶端具尖齿，各有种子3～5粒；苞鳞三角形，与种鳞愈合而上部露出。种子三角状长圆形，周围有翅；子叶2～3个，2种，分布我国和日本。

1. 柳杉（孔雀杉、长叶柳杉）

乔木，高达40米，胸径2米。枝柔软下垂，树皮棕褐色，条状纵裂。叶先端内曲，幼枝及萌芽枝上的叶较长，果枝上的叶较短，长约1厘米。球果种鳞较少，约20片，先端的缺齿较多，每一种鳞有种子2粒。3月开花，10～11月种熟。

华东、华南、西南、中南等地均有栽培；浙江、福建、江西有天然分布；垂直分布多在海拔1000米以下，云南中部达海拔600～2200米。

喜光，浅根性，喜温暖湿润气候和排水良好、土层深厚的酸性土壤。生长环境的要求与杉相同，萌芽力强；生长迅速。用种子、扦插繁殖。

边材黄白色，心材红褐色，木材性质和用途与杉木相近，但略差于杉木。较抗烟尘，可用于净化空气，是工矿、城市、行道、园林绿化的优良树种，也用于大面积造林。

柳 杉

2. 日本柳杉

特征、习性、用途近似柳杉，主要区别在：叶较短，先端通常不内曲，长0.4～2厘米；球果较大，果径1.5～2.5厘米，种鳞较多，约20～30片；每一种鳞具种子3～5粒；苞鳞尖头较长。原产日本，华东地区普遍引种栽培，生长良好。

水松属

白垩纪和新生代广布于北半球，现仅存一种，为我国特产的古代子遗植物。

水松（长柏）

半落叶乔木，高达 25 米，胸径 1 米。幼树冠塔形；小枝、叶均有两种类型：长鳞叶的小枝，冬季宿存，排列紧密；侧生小枝的叶线状锥形，羽状排列，冬季枝、叶一同脱落。球花单生枝顶。球果较小，倒卵圆形，种鳞肥厚，盾形，背部上缘有 8～9 个尖齿，中部有一反曲的尖头（苞鳞），每一种鳞有种子 2。种子基部有翅。熟时种鳞、种子均脱落。3～4 月开花，10～11 月种熟。

水松

分布江西东部，福建北部，四川南部、广东、广西、云南等地海拔 800 米以下水边谷地。华东、华南各大城市常有栽培。喜光，浅根性，喜温暖湿润气候，极耐水湿，在水旁生长的大树，树干基部庞大，常有呼吸根；适性广，除盐碱土外，均可生长，生长迅速，萌蘖、萌芽力强，寿命长。用种子繁殖。

木材淡红黄色，质轻软，纹理直，耐水湿，供建筑、家具用。根部和树干基部结构疏松的部分，浮力大，比重小，可做救生圈、瓶塞等。也是水网地区、河渠两岸、防堤护岸、园林绿化的优良树种。

落羽杉（落羽松）属

落叶乔木。树皮淡褐色；幼树冠塔形。叶线形，小而柔软，在小枝上成羽状排列。雄球花多数集生于下垂枝梢；雌球花单生枝顶，珠鳞数个，螺旋状着生，盾状，各有胚珠 2。种鳞木质。种子具棱脊和厚翅。有 3 种，原产北美和墨西哥。为古代子遗植物，树姿美、生长快，耐水湿，材质好，各国广为引种。

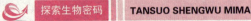

1. 落羽杉（落羽松）

乔木，高达50米，胸径3米。树干基部庞大，小枝平展。叶线形，长1～1.5厘米，在小枝上成羽状排列。球果近圆形，径2～2.5厘米，种子黑褐色。3～4月开花，9～10月种熟。

50年前已引入，长江流域以南常栽培在水边、平原、湖畔、园林等地，生长良好。喜光，浅根性，喜温暖湿润气候，也较耐旱，在水边生长的常有呼吸根。用种子、扦插繁殖。木材性质、用途与杉木近同。为南方水网地区优良的造林绿化树种。

2. 池杉

形态、习性、用途与落羽杉近同，主要区别在：叶钻形，紧贴小枝着生，间有线状披针形叶，不成羽状排列。

水杉属

远古时代，本属有6～7种，广布亚洲，欧洲和北美，第四纪冰川侵袭后，仅存1种，为我国特产，有"活化石"之称，是著名的孑遗植物。

水杉，落叶乔木，高达35米，胸径2.5米。树干基部庞大，分长枝和短枝，小枝对生或近对生。叶线形，羽状排列，与小枝一齐脱落。球果单生，具长柄，种鳞木质，盾状，交互对生，发育种鳞各有种子5～9。种子扁平，周围有膜翅，先端微凹缺；子叶2，稀3枚。3月开花，11月种熟。

分布四川东部，湖北西部的海拔900～1500米山地；北京以南各地有大量栽培和造林。世界上约有50个国家和地区也已引种。喜光，浅根性，喜湿润、深厚、肥沃的土壤，能耐寒，耐水湿，生长迅速，萌芽力强。用种子、扦插繁殖。

边材红色，心材深红褐色，纹理直，结构细，质轻软，供建筑、造船、家具等用。也是水网地区重要的造林和园林绿化树种。

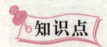 知识点

纤　维

纤维，一般是指细而长的材料。有很高的结晶能力，分子量小。

纤维有两大特点：一是细到人们不能用肉眼直接观测，直径一般在几微米至几十微米之间或更细；二是其长径比在几十几百至几万甚至理论上能达到无穷大，与纤维的种类有关，这使纤维在力学上明显表现出长的性质，例如其弯曲扭转时发生小范围部分形变，整体拉伸时即使在弹性范围以内也显示出相当大的形变。所以简单的说纤维是一种细而长的，即直径细到肉眼不能直接观测，而其长度与直径的比在几十倍以上。

植物纤维是由植物的种籽、果实、茎、叶等处得到的纤维，是天然纤维素纤维。从植物韧皮得到的纤维如亚麻、黄麻、罗布麻等；从植物叶上得到的纤维如剑麻、蕉麻等。植物纤维的主要化学成分是纤维素，故也称纤维素纤维。

植物纤维包括：种子纤维、韧皮纤维、叶纤维、果实纤维。

➡️ 延伸阅读

天山雪莲

雪莲属菊科，凤毛菊属，为多年生的草本植物。雪莲种类繁多，如水母雪莲、毛头雪莲、绵头雪莲、西藏雪莲等等。它的地面以上的植株很矮，仅有15～24厘米高。到了每年7月的开花季节，雪莲就在茎的顶端生出一个大而鲜艳的花盘，周围有淡黄色半球状大苞叶围成一圈。花朵的整体看上去就和水生的荷花差不多。雪莲的花香袭人，顺风时香味可以飘到几十米远。开花之后不久的8月，雪莲就迅速地结出了长有纵肋的长圆形瘦果。产于新疆，蒙古、苏联中亚及西伯利亚也有分布。常见于高山岩缝，雪线附近的冰迹陡岩、砾石坡。

雪莲通常生长在高山雪线以下。气候多变，冷热无常，雨雪交替，最高月平均温3℃～5℃，最低月平均温－19℃～－21℃，年降水量约800毫米，无霜期仅有50天左右。土壤以高山草甸土为主，有机质含量为8.5%～11%，含氮量4.5%～10%。由于环境条件恶劣，一般植物难以生长，只有少数耐寒、耐低湿的苔草属、蒿草属和各种高山多年生草本植物与之伴生。天山位于我国西北边疆，海拔高度一般在4000米以上，主峰博格达峰高达5445米，山顶常年

白雪皑皑，分外壮观。雪莲是天山的著名植物，一般认为，产于博格达峰的雪莲品质最佳。

柏　科

常绿乔木或灌木。含树脂，芳香，树皮常细纵裂。叶鳞形或刺形，鳞叶交互对生，刺叶3~4枚轮生；幼苗和萌芽枝全呈刺形叶。花单性同株或异株，球花单生；雌球花具珠鳞3~12，珠鳞交互对生或3个轮生，珠鳞与苞鳞结合，仅尖头分离。球果熟时开张，或浆果状不开张；发育种鳞有种子1至多数。种子有狭翅或无翅；子叶2，稀5~6，20属，130种。我国8属，42种，不少种类是重要的园林绿化、石灰岩山地造林树种。

柏木属

乔木，稀灌木。鳞叶小，交互对生。雌雄同株，球花单生小枝顶，珠鳞3~6对。球果木质，圆球形，成熟时种鳞张开，种鳞盾形，鳞盾中央有1小尖头，每个发育种鳞具有多数种子。种子两侧具窄翅；子叶2~4。有12种。我国4种。

1. 柏木

乔木，树高30米，胸径1米。树皮纵裂，小枝扁平，细长下垂。球果圆球形，直径1~1.2厘米，种鳞4对，鳞盾具尖头，每个发育种鳞有种子5~6；子叶2。3~4月开花，次年9~10月种熟。

分布长江流域以南，以四川、贵州、湖北最多，成纯林或混交于阔叶林中；各地也多用于园林绿化，常见数百年古树。垂直分布常在海拔1000米以下，四川可达2000米。喜光，根系发达，适性广，能在酸性、中性、钙质土壤中生长，耐干瘠，耐水湿，较耐寒，生长迅速，萌芽力强。用种子、扦插繁殖。

心材红褐色，边材淡黄褐色，纹理直，结构细，耐水湿，耐腐朽，有香气。供作建筑、造船、家具、文体、军工等用材。枝叶可提柏木油。可选用于石灰岩山地和园林绿化造林。野生柏木林可作亚热带地区的钙质土指示植物。

2. 冲天柏（千古柏、云南柏）

乔木，高达30米，胸径1米。小枝细圆，向上斜展，不下垂。鳞叶先端微钝，稍被白粉。球果球形，比柏木大，径1.6~3厘米，种鳞4~5对，顶部平或微凹，无明显尖头。种子卵形，长约4毫米。1~2月开花，次年9~10月种熟。

分布云南中部和西北部、四川西南部、甘肃南部，常与栎类混交或成小片纯林。垂直分布约海拔1400~2500米，四川西部达3400米，为我国柏科中分布最高的树种。较喜光，根系发达，适性广，耐干瘠，尤喜钙质土，抗烟尘能力较强。用种子繁殖。

材性和用途与柏木近同而稍差，但枝叶翠绿，冠形挺拔，是优良的园林绿化树种，也可大量用于石灰岩山地造林。

建柏属

仅一种，为我国特产。

福建柏（建柏、蟹脚树），常绿乔木，高达20米，胸径80厘米。有叶的小枝扁平，三出羽状分枝，平展。鳞叶大，交互对生，下面的鳞叶有白粉。雌雄同株，球花单生枝顶。球果圆球形，直径2~2.5厘米；种鳞6~8对，木质，顶部凹下，中央具1小尖头，每个发育种鳞有种子2。种子卵形，上部具一大一小的膜翅。3~4月开花，9~10月种熟。

分布福建、江西、云南、湖南、广西、浙江南部、广东中部、北部，贵州四川东南部，多散生于海拔800~1400米的常绿阔叶林中，稀成小片纯林。

较耐阴，浅根性，要求温暖湿润气候，喜上层深厚肥沃的酸性土壤，也能耐干旱，生长较慢。用种子繁殖。心材黄褐色，边材淡黄褐色，材质较杉木好，结构中等，纹理直，收缩性小，较轻软，坚韧有弹性，是建筑、家具、文体、工艺等的优良用材。

侧柏属

侧柏（扁柏、香柏），乔木，高达20米，胸径1米。小枝扁平，不下垂，树皮灰褐色。鳞叶小，交互对生，两面绿色，紧贴小枝。雌雄同株，球花单生枝顶。球果长卵形，种鳞4对，顶端有一反曲尖头，中部2对发育种鳞各有种

侧　柏

子1～2。种子长卵形，无翅，子叶2。3～4月开花，9～10月种熟。

全国各地有栽培，以黄河和淮河流域为最多，有成片人工林或野生，也常用于园林绿化；常见数百年古树。垂直分布各地不一，云南北部可达海拔2600米。喜光，浅根性，适性广，耐寒、耐旱，喜钙质土，也适酸性、微碱性土，不耐涝，生长较慢，寿命长，有萌芽力。用种子繁殖。

边材黄白色，心材红褐色，结构细，有香气，耐腐朽，供建筑、造船、家具、文体等用；枝、叶、种子入药；可选为石灰岩山区造林绿化树种。

侧柏的栽培品种很多，最常见的是千头柏灌木，枝条丛生，树冠卵圆形或球形。供观赏及绿篱用。

圆柏属

乔木或灌木。小枝近于圆形或四棱形。叶刺形或鳞形，刺形叶基部下延。雌雄异株，稀同株，球花单生枝顶，雌球花具珠鳞6～8，交互对生或3枚轮生，每珠鳞具胚珠1～2，顶端相互结合。球果浆果状，熟时种鳞不开张，有种子1～6；种子无翅，子叶4～6。

约60种。我国约27种，主产康藏高原、青海东部及南部山区。

圆柏（桧柏），常绿乔木，高20米，胸径3.5米。树冠圆锥形，树干常扭曲。叶通常异型，稀为单纯刺叶或鳞叶。球果浆果状，熟时紫黑色，被白粉，有种子2～4，种子成不规则三棱形。4月开花，次年10月种熟。

分布广，东北、华北、中南、西南、华东等地常有栽培，陕西秦岭一带有野生。垂直分布在四川、云南等地可达海拔3000米。中等喜光，幼树耐阴，适性广，耐干瘠，可在酸性、钙质土中生长，有萌芽力，寿命长，各地多有几百年古树，生长尚快。用种子、扦插繁殖。

心材淡红褐色，边材黄白色，结构细，纹理斜，有香气，耐腐朽，供建筑、器具、文体、工艺等用材。树姿秀丽，是重要的观赏和园林绿化树种。观赏用的著名变种（型）有：龙柏，全为鳞叶，鳞叶短而密生，枝叶深绿色，枝条盘龙状着生；塔柏，全为刺叶，枝密直立，树冠圆柱形。

刺柏属

乔木或灌木。冬芽显著。叶全为刺形，3 枚轮生，基部有关节，不下延。雌雄同株或异株，球花生于叶腋，雄蕊约 5 对，交互对生；雌球花珠鳞 3，轮生，胚珠 3。球果近球形，熟时种鳞不张开，或仅球果顶端稍张开。种子通常 3，卵形，有棱脊。共 10 多种。我国 3 种，引入 1 种，多供园林绿化用。

1. 刺柏（刺松）

小乔木，高达 12 米。树冠塔形，树皮条状剥落，小枝通常下垂。叶先端尖锐，长 1.2～2 厘米，宽 1.5～2 毫米，表面有 2 条白色气孔带，中脉明显隆起，叶背深绿色。雌雄异株。球果浆果状，近球形或宽卵形，径 8 毫米，熟时常不张开，红褐色，被白粉。3 月开花，次年 10 月种熟。

分布中南、华东、西南等地，有天然散生或栽培。垂直分布约在海拔 500～3400 米之间。中等喜光，适性广，耐干瘠，石砾地也能生长。用种子繁殖。

边材淡黄色，心材红褐色，纹理直，结构细，耐水湿，有香气，是建筑、造船、桥梁、家具的优良用材。长江流域一带，可选为园林绿化和观赏树种。

2. 杜松（崩松、棒松）

常绿小乔木，高达 10～15 米。小枝细弱，三棱形，下垂。刺叶坚硬，长 1.2～2.5 厘米，宽 1.5～2 毫米，先端锐尖，叶表面凹下成深槽，内有 1 条白粉带，叶背绿色，有明显纵脊。雌雄异株。球果浆果状，球形或椭圆形，径 8 毫米，顶端有 3 个短小突起，成熟时紫褐色或蓝黑色，外被白粉，不开张。种子

杜　松

1~3。5月开花，10月种熟。

东北、华北、西北、华东、西南各地有野生或栽培。垂直分布可达海拔3050米。喜光，深根性，适性广，耐干瘠。用种子、扦插繁殖。

边材黄白色，心材淡褐色，纹理直，结构细，有光泽，有香气，耐腐朽，供建筑、桥梁、造船、工艺等用。也可选为北方园林绿化、观赏树种。

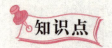 知识点

树　脂

树脂一般认为是植物组织的正常代谢产物或分泌物，常和挥发油并存于植物的分泌细胞树脂道或导管中，尤其是多年生木本植物心材部位的导管中。树脂由多种成分组成，通常为无定形固体，表面微有光泽，质硬而脆，少数为半固体。不溶于水，也不吸水膨胀，易溶于醇、乙醚、氯仿等大多数有机溶剂。加热软化，最后熔融，燃烧时有浓烟，并有特殊的香气或臭气。

可分为天然树脂和合成树脂两大类。天然树脂是指由自然界中动植物分泌物所得的无定形有机物质，如松香、琥珀、虫胶等。合成树脂是指由简单有机物经化学合成或某些天然产物经化学反应而得到的树脂产物。合成树脂是由人工合成的一类高分子聚合物。合成树脂最重要的应用是制造塑料。为便于加工和改善性能，常添加助剂，有时也直接用于加工成形，故常是塑料的同义语。合成树脂还是制造合成纤维、涂料、胶粘剂、绝缘材料等的基础原料。合成树脂种类繁多，其中聚乙烯、聚氯乙烯、聚苯乙烯、聚丙烯和树脂为五大通用树脂，是应用最为广泛的合成树脂材料。

延伸阅读

珍贵的龙胆科植物

龙胆科植物，多为草本植物，但也有木本植物。单叶对生，花为辐射对称居多，花冠多成漏斗形状。据本草药书记载，龙胆因"叶如龙葵，叶苦似胆"

而得名。

全世界约有1500多种龙胆科植物，我国有300多种，大部分生长在高山和亚高山地区。大部分是矮小贴地丛生。一株上有许多分枝，花生于枝上顶端，成古钟形或漏斗形，有4~5个裂瓣，全缘的，也有细裂的成刘海似的须。花的颜色大部分是青绿色、蓝色或淡青色。龙胆花在秋冬季一片枯黄的草丛中临风开放，显得分外朴实和幽静。

龙胆科植物中有观赏价值的有华丽龙胆、流苏龙胆、蓝玉簪龙胆、叶萼龙胆、大花龙胆、宽花龙胆等。喜温凉湿润气候、酸性土壤，滇西北横断山区海拔3000米以上的林间草地、草甸、流石滩等处，生长最为普遍。秋冬时节一片枯黄草丛中，龙胆开花一片片一簇簇，临风摇曳，显出一种淡雅、素静的美，因而成为著名的花卉。丽江一种深蓝色的龙胆被引种到英国皇家植物园时，轰动一时，被誉为19世纪引种最有价值的观赏植物之一。

此类植物还是重要的药用植物，秦艽又名大叶龙胆，龙胆科，多年生草本。根部可供药用。是治疗风湿关节痛、潮热骨蒸等症的主药之一。龙胆花含苦味素、口山酮类、单萜类生物碱。入药主治骨间寒热、惊痫邪气，续绝伤，定五脏、杀虫毒。

由于龙胆科植物的减少，1989年已被国家医药部门列入重点发展和保护品种。

其他裸子植物

我们在以上介绍了松科、杉科、柏科植物，此外，裸子植物有代表性的还包括银杏类、科达树类和苏铁植物。

银杏类

银杏类出现在早二叠纪，经三叠纪到侏罗纪成为地球上显赫一时的植物，进入新生代以后，数量锐减。

目前在我国一些庙宇庭院里栽种的银杏，就是1亿~2亿年前的银杏类的孑遗植物，成为活化石。河南登封嵩山书院有一株银杏，估计已经有2000~3000岁；北京潭柘寺的一株银杏，俗称帝王树，也已经有1000多岁。现在野生种已经很少。

银杏是高大落叶乔木，木质坚实致密。古代银杏有两大类；一类叶子没有柄，叶片细长；一类叶子有柄，叶片扇形或浅裂，现存的银杏是扇形叶类的一种。

银杏的枝也有长短两种类型，扇形叶在长枝上螺旋状散生，在短枝上成簇聚生。银杏的生殖器官也着生在短枝上；孢子叶穗是单性的，雌雄异株；大小孢子叶逐渐退化，大孢子叶从有几个胚珠退化到只有两个胚珠，而且只有一个种子成熟。

科达树类

科达树出现在早石炭纪，石炭纪和早二叠纪十分繁荣，到晚二叠纪绝灭。有人曾经认为科达树是种子蕨的后裔，但是现在一般认为是直接由前裸子植物进化来的。科达树类本身虽然绝灭了，但是由它的某些种类进化成为银杏类和松柏类，所以是一类承前启后的裸子植物。

科达树是一种高大乔木，树干粗直，木质坚硬致密，高可以达到 30 米，直径可以达到近 1 米。它的分枝都在树干顶端，有长短两种枝条。叶长可以达到 1 米。科达树的生殖器官是孢子叶穗，着生在短枝顶端，单性，雌雄同株或异株。花粉粒扁平，有气囊；胚珠常作扁平的心形。这些特点都适合于风的传播。

苏铁植物

苏铁植物出现在古生代后期，到中生代生长十分繁盛，所以有人把中生代叫苏铁植物时代。苏铁植物的两大类：本内苏铁类到晚白垩纪就绝灭了；苏铁类到现在还有近 100 种，大多生长在南半球。

苏铁植物都是耐旱喜热的植物。苏铁植物的特点是主干粗短，很少分枝或者不分枝，木质疏松。叶片聚集在树的顶端，很大，是分裂的羽状复叶，上面有革质保护，因此耐旱。它们的生殖器官是构造复杂的孢子叶球。苏铁类的孢子叶球是单性的，雌

台湾苏铁

雄异株。胚珠着生在大孢子叶的边缘的下面，小孢子囊密集在鳞片状的小孢子叶的下面。经风力传粉，胚珠在母体上受精，长成种子。

本内苏铁类的孢子叶球是两性的。胚珠着生在几乎退化了的大孢子叶的叶轴上，小孢子囊生在小孢子叶裂片的下面。多数经昆虫传粉，受精和长成种子和苏铁类一样。苏铁类和本内苏铁类的生殖器官不一样，表明它们各自代表一个独立的演化路线。它们都是裸子植物的旁支。

知识点

胚 珠

　　胚珠是子房内着生的卵形小体，是种子的前身，为受精后发育成种子的结构。裸子植物的胚珠裸露地着生在大孢子叶上。一般呈卵形。其数目因植物种类而异。

　　胚珠由珠柄、珠被、珠孔和珠心所组成。珠柄为连接胚珠与胎座的短柄，其内的维管束将胚珠与子房连接起来以传递营养与激素。发育的胚珠最初是一整团珠心组织，由于基部的细胞分裂较快而形成一层或两层包被层——珠被，将其他珠心组织包裹在内并在一端留下一个小孔——珠孔。多数被子植物均有内、外两层珠被。珠被、珠心基部与珠柄汇合的部位称为合点，是珠柄维管束进入胚囊的位置。珠柄、珠孔与合点三者排列位置的变化形成了几种常见的胚珠类型，其中以倒生胚珠在被子植物中最为常见。

　　胚珠类型有时亦可作为分类鉴定的依据。

延伸阅读

台湾苏铁

　　台湾苏铁是古老的残遗植物，目前仅残存于我国台湾和海南的个别地区，数量极少，生长缓慢，繁殖力又弱。加之森林的破坏，生境的改变和过量的挖掘，已处于濒临灭绝的境地。

其形态特征为棕榈状常绿植物，直径20~35厘米，茎干圆柱形，覆被着宿存的叶柄基部。叶羽状全裂，长达180厘米，宽20~40厘米；羽片90~140对，线形，革质，亮深绿色，长18~25厘米，宽7~12毫米，无毛；边稍增厚，不反卷，中脉在两面隆起或稍隆起；叶柄长15~40厘米，两侧有短刺。雌雄异株；小孢子叶球顶生，长椭圆状圆柱形，长约50厘米，直径9~10厘米，小孢子叶多数，近楔形，长2.5~4厘米；大孢子叶多数，簇生茎端，长17~25厘米，密被黄锈色绒毛，后变无毛，上部斜方状圆形或宽卵形宽7~8厘米，羽状半裂，裂片钻形，先端刺尖，顶生裂片稍大，有锯齿或再分裂；下部柄状，长10~15厘米，中上部两侧着生4~6枚无毛的胚珠。

分布于我国台湾台东县红叶溪上游及海岸山脉、台中县清水及海南陵水、琼中、保亭等地。在台东县红叶溪上游和海南琼中县毛路村的深山峭壁里，尚有天然林及天然植株。通常生长在向阳的沟谷悬岩峭壁间或溪河两岸疏林中。喜充足的阳光和湿润、肥沃的土壤，也能耐短期干旱。

台湾苏铁对研究地史的变迁和植物区系有一定的科研价值。树形优美，是很好的观赏植物。

被子植物时代

大约1000万年以前，在地球上爆发了一个植物界最大的家族——被子植物。它们迅猛发展起来，整个植物面貌与现代植物面貌已非常接近，甚至于有的物种与现代生活的植物难以区别。被子植物的数量最多，据不完全统计全世界有20万～25万种，而其他植物加在一起还不到12万种。

被子植物的诞生

一般认为，被子植物是在早白垩纪出现的，但是到现在为止，还没有找到过白垩纪之前的被子植物化石。

现代植物学家在研究古植物时，不仅依靠植物茎叶等遗体的化石，而且研究植物的孢粉化石。一般的孢子和花粉都有不容易变质的孢粉质。沉积岩里经常保存着许多没有变质的孢子和花粉，在显微镜下观察这些孢子和花粉，可以根据它们的特点来判断属于哪一类植物。在中生界地层里，每克岩石常能找到十粒到几百万粒的孢子和花粉。

最古老的被子植物花粉是在早白垩纪地层里找到的。据现在研究，认为最原始的被子植物是具有两性花的属于双子叶植物的乔木。

以前，有人认为原始的被子植物具有单性花。从花的形态看，最原始的被子植物是木麻黄目。木麻黄和裸子植物中的麻黄外貌相似，所以认为木麻黄是从麻黄进化而来的。但是无论从茎的结构还是从花来看，木麻黄和麻黄差别是很大的。

木麻黄和荨麻、山毛榉、桦木、胡桃、杨梅等科植物都有小型的、结构简单的所谓单被花，过去认为这种单被花是原始的花。现在研究的结果认为，这种单被花并不是原始的花。它们起源于金缕梅目，金缕梅目是从昆栏树目演化来的，而昆栏树目又起源于木兰目。所以现在认为，原始的被子植物是木兰目。有人研究植物体里某些化学成分的结果，也支持这种观点。

那么木兰目是从哪种裸子植物演变而来的呢？这个问题现在还没有解决。

一般认为，它不会起源于比较进步的裸子植物，因为比较进步的裸子植物已经特化，不可能有很大的发展前途。被子植物应该起源于特化比较差的原始裸子植物，从这种裸子植物演变来的原始被子植物才具有很大的可塑性和进化潜力，才能发展成为像

胡　桃

今天这样繁荣的一大类群。

据有的科学家推测，原始被子植物可能起源于侏罗纪末期热带地区具有两性孢子叶穗的一种原始裸子植物，如本内苏铁等。

到白垩纪晚期，被子植物已占据了植物界的大部分。由于被子植物的种子藏在富含营养的果实中，提供了生命发展的良好环境。受精作用可由风当传媒，大部分则是由昆虫或其他动物传导，使得显花植物能广为散布。

被子植物以其多种多样的体形和营养方式、通畅的输导系统、使子孙发达的双受精种子，以及对各种不利条件的适应本领等优点在植物界中压倒一切地昌盛起来。

被子植物是现代地球上最占优势的植物类群，共约413科，25万种以上。我国250科，25000种以上，其中木本植物约占1/3，乔木约3000多种。

知识点

花　粉

　　花粉即有花植物的小孢子。萌发时产生含三个单倍体核的雄配子体。

　　花粉是种子植物特有的结构，相当于一个小孢子和由它发育的前期雄配子体。在被子植物成熟花粉粒中包含2个或3个细胞，即一个营养细胞和一个生殖细胞或由其分裂产生的两个精子。在两个细胞的花粉粒中，两个精子是在传粉后在花粉管中由生殖细胞分裂形成的。在裸子植物的成熟花粉粒中包含的细胞数目变化较大，从1~5个或更多个细胞，其中有1~2个原叶细胞，是雄配子体中残留的几个营养细胞，形成后往往随即退化，在被子植物的雄配子体中已完全消失。

　　各类植物的花粉各不相同。根据花粉形状大小、对称性和极性，萌发孔的数目、结构和位置，壁的结构以及表面雕纹等，往往可以鉴定到科和属，甚至可以鉴定到植物的种。花粉形态的研究可为分类鉴定和花粉分析中鉴定化石花粉提供依据，同时也为植物系统发育的研究提供有价值的资料。

延伸阅读

植物种子趣闻

　　植物种子的大家庭可谓种类繁多，约有20万种。它们都是种子植物的小宝宝，而种子植物约占世界植物的2/3还要多。

　　种子中的大王应属复椰子了，这种形似椰子的种子可比椰子大得多，而且中央有道沟，像是把两个椰子重合在一起，所以叫它为复椰子。那还是1000多年前，在印度洋的马尔代夫岛上，岛民们在沙滩上看见了这种大个果子。他们不知这是否是椰子，于是劈开它，吃果肉、喝汁液，发现和椰子差不多，便给它取名为"宝贝"。人们1000年后才明白这是复椰子，是远涉重洋从塞舌尔海岛漂来的。复椰子重约20千克，里面的种子则有15千克之多，真是大个头了，于是许多国家的植物博物馆里都把它用作标本。

我们常说"丢了西瓜捡了芝麻"！芝麻的种子要 25 万粒才有 1 千克重，看来芝麻种子是够小的了。而烟草的种子要 700 万粒才达到 1 千克重，即 7000 粒才重 1 克。然而这还不是最小的种子，真正的小种子是斑叶兰的种子，200 万粒才重 1 克，轻得如同灰尘。

种子的颜色也包含了世上所有的颜色，而其中约有一半是黑色和棕色。豆科中的红豆，是带有光泽的深红色，人们叫它相思豆。它寄托了远隔千山万水的恋人们的相思之情，并流传了许多数不尽的动人故事。

被子植物成为植物主角

随着被子植物的出现，在激烈的生存斗争中，种子蕨和本内苏铁类到晚白垩纪先后绝灭，其他类群也由优势转为劣势。于是被子植物成为植物界的主角，植物发展进入了第四阶段——被子植物时代。

被子植物早在早白垩纪就已经出现，到晚白垩纪才开始繁荣。被子植物时代是从距今 1 亿年前的晚白垩纪开始的。

在晚白垩纪的时候，地球上很多地区被淹没在浅海里，陆地面积只相当于今天的 2/3。以后地壳运动加剧，许多地区地面上升。到第三纪中期，产生许多褶皱和断层。阿尔卑斯运动、喜马拉雅运动等先后形成了欧洲的阿尔卑斯山、亚洲的喜马拉雅山、北美洲的落基山、南美洲的安第斯山。到第四纪，地球表面气温普遍下降。这些地理环境和气候条件的变化加快了某些裸子植物的衰落和绝灭，促进了各种被子植物的发展和分化。

今天，被子植物已经是植物界的主宰。在已经知道的大约 33 万种现存植物中，被子植物占了大约 30 万种。

被子植物作为种子植物门的一个亚门，是最高等的植物类群。被子植物亚门分双子叶植物纲和单子叶植物纲。

双子叶植物种子的胚有两枚子叶。这一类植物的茎部维管束排成圆周形，有形成层，能使茎秆不断加粗。它们的叶片多具网状叶脉。双子叶植物纲里重要的目和科有：木兰目的木兰科（包括玉兰、白兰花等），昆栏树目的昆栏树科，樟目的樟科，毛茛目的毛茛科（包括黄连、牡丹、芍药等）、睡莲科（包

括莲、芡、莼菜等），石竹目的
藜科（包括甜菜、菠菜等），仙
人掌目的仙人掌科，金缕梅目的
金缕梅科，蔷薇目的蔷薇科（包
括桃、梅、李、杏、苹果、梨等
果树），豆目的豆科（包括各种
豆类、落花生、苜蓿、槐树等），
荨麻目的桑科、荨麻科，木麻黄
目的木麻黄科，山毛榉目的山毛
榉科、桦木科，胡桃目的胡桃
科，杨梅目的杨梅科，山茶目的

牡 丹

五桠果科、山茶科，堇菜目的堇菜科（包括紫花地丁、三色堇等），白花菜目
的十字花科（包括白菜、甘蓝、油菜、萝卜等），葫芦目的葫芦科（包括黄
瓜、南瓜、西瓜等），杨柳目的杨柳科，桃金娘目的桃金娘科（包括桉树等），
鼠李目的鼠李科（包括枣等）、葡萄科，无患子目的漆树科、芸香科（包括柑
橘、花椒等）、无患子科（包括荔枝、龙眼等），锦葵目的锦葵科（包括棉花
等），大戟目的大戟科（包括油桐、乌桕、蓖麻、橡胶树等），伞形目的五加
科（包括人参等）、伞形科（包括胡萝卜、芹菜、当归等），杜鹃花目的杜鹃
花科，柿树目的柿树科，茜草目的茜草科（包括金鸡纳树、咖啡等），花葱目
的旋花科（包括甘薯、牵牛花等），玄参目的茄科、（包括马铃薯、辣椒、番
茄、烟草等）、玄参科（包括泡桐等），唇形目的唇形科（包括薄荷等），菊目
的菊科等。

薄 荷

单子叶植物种子的胚只有一
枚子叶。这一类植物的茎部维管
束多是星散排列，通常没有形成
层。它的叶片多是平行叶脉。单
子叶植物纲里重要的目和科有：
泽泻目的泽泻科（包括慈菇
等），百合目的百合科（包括
葱、蒜等）、石蒜科（包括水

仙、剑麻等），姜目的芭蕉科（包括香蕉等）、姜科，兰目的兰科，莎草目的莎草科（包括荸荠等），禾本目的禾本科（包括稻、麦等粮食作物和甘蔗、竹、芦苇等），棕榈目的棕榈科，天南星目的天南星科（包括芋等）、浮萍科等。

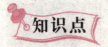

植物界

能够通过光合作用制造其所需要的食物的生物的总称。在不同的生物分界系统中，植物的概念及其所包括的类群也不一样，如将生物分为植物和动物两界时，植物界包括藻类、菌类、地衣、苔藓、蕨类和种子植物。

植物界和其他生物类群的主要区别是含有叶绿素，能进行光合作用，自己可以制造有机物。此外，它们绝大多数是固定生活在某一环境，不能自由运动（少部分低等藻类例外），细胞具细胞壁；细胞具全能性，即由一个植物细胞可培养成一个植物体等。

植物覆盖着地球陆地表面的绝大部分，并且在海洋、湖泊、河流和池塘中也是如此。植物在自然界生物圈中的各种大大小小的生态系统中几乎都是唯一的初级生产者。植物和人类的关系极为密切，它是人类和其他生物赖以生存的基础。

➡ 延伸阅读

人们最初对西红柿的认识

西红柿，是一种味道鲜美、颜色诱人的果实。最初的人们，可不这么想，这里面倒有个有趣的转变。

西红柿学名番茄，产于南美安第斯山区，尽管它的果实像红灯笼让人喜欢，但它的茎叶能散发一种异味，人们都怀疑它有毒，连碰都不敢。后来，一位秘鲁的姑娘得了贫血症，又失恋，她便想通过吃西红柿来自杀。结果当然是没死成，连病也很快地好了。从此，在秘鲁和墨西哥人们开始种植西红柿了。

16世纪来到美洲的葡萄牙人，把西红柿带到欧洲，还起名"秘鲁金苹果"。由于西红柿类似颠茄、曼陀罗这类有毒植物，人们还是不敢品味它。

结果是一位勇敢的意大利人，"舍生"吃了一个西红柿，以为必死无疑，结果却安然无恙。1820年，美国人约翰逊当众表演吃西红柿。经过这些曲折的经历，西红柿在欧美才重新被认识，而被广泛地种植起来。

被子植物与裸子植物的区别

被子植物与裸子植物的主要区别在于种子外面是不是有包被。而被子植物的明显特点在于有由花萼和花冠组成的有鲜艳颜色的花被。花实际上是一个生殖芽，起源于孢子叶穗。被子植物的典型的花由雌蕊、雄蕊、花冠、花萼组成。

雌蕊由一到几个心皮组成，心皮就是带有胚珠的大孢子叶。在裸子植物中，心皮是展开的，胚珠裸露在外，所以长成的种子也是裸露的。演变到后来心皮折合，边缘连接起来，这就形成了子房、花柱和柱头。胚珠被包在子房里，受到子房的保护，所以长成的种子是有包被的。有些原始的雌蕊，像在木兰目的某些种类所看到的，大孢子叶的边缘还没有完全接合起来，花柱的一边还有一条直缝。由一个心皮构成的雌蕊叫单雌蕊，由两个或两个以上心皮构成的雌蕊叫复雌蕊或合心皮雌蕊。单雌蕊的子房里只有一室；复雌蕊的子房里有一室或多室，多室的室数和合生的心皮数相当。每室里有一个或多个胚珠。裸子植物的胚珠只有一层珠被，被子植物的胚珠都有内外两层珠被。外珠被和内

木兰目

珠被一样，也是由营养器官演变来的。外珠被从形态上看和种子蕨的托斗相当。在胚珠幼年的时候，外珠被还是绿色的，可以证明它原来是营养器官。

雄蕊是由小孢子叶演变成的。原始的雄蕊，像在木兰目的某些种类所看到的，上面有 3 条掌状脉，常作匙形，表皮上还有气孔，都说明它们是叶的变态；4 个线形小孢子囊平行成对地着生在小孢子叶前端。比较进步的雄蕊，小孢子叶已经变成细长的丝状，这就是花丝；3 条掌状脉中的两条侧脉已经退化，只留下中脉，成为花丝的维管束；分离的孢子囊已经连合成聚合囊，这就是花药。花粉就产生在花药里。

花冠由花瓣组成。花瓣是由雄蕊退化而来的，就是说也是起源于小孢子叶。它原来也是离生的，螺旋状排列，后来进化到轮生。有的原始类型的被子植物花瓣上还带着花药的遗迹，并且可以看到气孔结构，这都可以说明它们的同一起源。

花萼是由营养叶演化来的。原始的花萼也是离生的，螺旋状排列，绿色，仍然保持着营养叶的本色和机能。后来进化，才连成了管状。

从裸子植物到被子植物的演化过程中，配子体的发育过程简化了。

在裸子植物中，大孢子发育很慢，过程复杂。大孢子先在珠心（大胚子囊）里形成多核的雌配子体，顶端产生颈卵器。颈卵器可以有几个，每个颈卵器有一个卵细胞和几个其他细胞。几个卵都可以受精，但是种子成熟的时候，只有一个受精卵能发育成胚。被子植物的大孢子却发育很快，过程也比较简单。它们的珠心不形成颈卵器，雌配子体形成胚囊，常由 8 个细胞组成。这 8 个细胞中，有 1 个是卵细胞，其余 7 个，2 个叫助细胞，3 个叫反足细胞，2 个是次生的胚囊核，叫极核。卵细胞以后受精发育成胚，其余 7 个是辅助胚成长的。

在裸子植物中，小孢子也要经过复杂的步骤，才产生雄配子。小孢子的细胞核先分裂成两个核；一个是第一营养核；另一个再分裂成两个，一个是第二营养核，一个是精子核。后来精子核进一步分成两个核：一个叫管核，起控制花粉管活动的作用；一个叫生殖核。生殖核再一分为二：一个叫柄核，一个叫体核。在出现花粉管的时候，体核进入花粉管，形成两个雄配子，其中一个和卵结合，另一个核就退化消失。在被子植物中，雄配子体的发育却简化成两步：小孢子细胞核先分裂成一个管核和一个生殖核。后来生殖核形成两个雄配子。在花粉管里管核消失；两个雄配子中有一个和胚囊里的卵细胞结合，发育成胚，另一个却和两个极核结合，发育成为胚乳。

被子植物的这种受精作用，一方面是卵受精形成受精卵，发育成胚；另一方面是极核也受精，发育成胚乳。所以叫双受精作用。

被子植物雌雄配子体的发育简化，是适应它们寄生在孢子体上的寄生生活的结果，但是不仅生殖机能没有丝毫减低，反而可以更加合理地分配养料。双受精作用使被子植物的胚和胚乳都承受两性的遗传性，也增强了后代的生活力，更能适应各种环境。这也是被子植物胜过裸子植物的优点之一。

从裸子植物到被子植物的演化过程中，茎的构造也有了很大的改进，输导系统更加完善了。

在裸子植物茎的木质部里，只有起输导作用的管胞。在被子植物茎的木质部里，已经有了导管和纤维。这两种细胞都是从管胞分化出来的。最原始的被子植物，如木兰目、昆栏树目，也还没有导管。从导管演化发育过程看出，它是一连串管胞连接而成的复合体。导管细胞在成熟的时候横壁消失，顶壁有很大穿孔，四周纵壁也有很多小孔，水分上下左右可以通行无阻。纤维细胞的壁比较厚，机械支持作用比管胞强。

在被子植物的木质部里，还有木薄壁组织。木薄壁组织是贮藏营养物质的薄壁组织，也叫贮藏组织。这些细胞能有效地提供一个生长季度中木质部细胞的养料。裸子植物没有这种组织。原始的被子植物如木兰目等，只在生长季节开始的时候有这种组织。

在裸子植物茎的韧皮部里，只有筛胞。在被子植物茎的韧皮部里，已经有了筛管。原始的被子植物如昆栏树目，筛管细胞细而长，侧壁和顶壁界限不清楚，末端是倾斜的，还很像裸子植物的筛胞。在演化过程中，筛胞变宽变短，出现了有筛状穿孔的末端横壁，又上下相连变成了筛管。

被子植物的输导组织分化精细，使水分运输畅通，机械支持能力也加强，它的叶脉也趋复杂，网状脉类型居多，能供应和支持面积大得多的叶子，增强光合作用的效能。从某种比较原始的裸子植物经过一系列演变，出现了被子植物。被子植物有不同于裸子植物的许多特点，概括起来是：

第一，被子植物具有真正的花，就是具有由花萼和花冠组成的颜色鲜艳的花被。这种花被的出现增强了传粉效率，有利于繁殖。

第二，被子植物的胚珠是包藏在子房里的，在胚的发育过程中受到保护，所以长成的种子是有包被的。

第三，被子植物的配子体已经简化，颈卵器已经不再存在，提高了生活机能。

第四，被子植物有双受精现象，胚乳的来源和性质同裸子植物不同，能使后代有更强的生命力。

第五，被子植物的孢子体高度发达，组织分化精细，生理机能的效率高，如输导组织的木质部有导管和木薄壁组织等等。

 知识点

花 萼

是花的组成部分之一，由若干萼片组成，包在花瓣外面，花开时托着花冠，简称萼。花萼位于花冠外面的绿色被片是花萼，它在花朵尚未开放时，起着保护花蕾的作用。

花萼是一朵花中所有萼片的总称，包被在花的最外层。萼片多为绿色而相对较厚的叶状体，内含稍分枝的维管组织与丰富的绿色薄壁细胞，但很少有栅栏组织与海绵组织的分化。在有的植物中，花萼可能特化成大而有鲜艳颜色的瓣状萼（类似花瓣），如乌头、白头翁。委陵菜、草莓、棉等的花除花萼外，外面还有一轮绿色的瓣片，称副萼，相当于花的苞片。

 延伸阅读

仙人掌之国

墨西哥是举世闻名的仙人掌之国。墨西哥的北部地区有大片的沙漠，那里的仙人掌科植物很多，几乎占了全世界仙人掌的一半，人们都说墨西哥大地似乎特别适合仙人掌的生长。巨大的仙人掌有的高达15米，有几百个枝叉，仿佛是一座楼。仙人柱更有几十米高的，像是沙漠上屹立的巨人。最大的仙人球直径有2~3米，重达1吨。仙人鞭、仙人棒、仙人山，也各展风姿，独具魅

力。仙人掌的花绚丽灿烂，黄色的、红色的，像喇叭、像漏斗，最大的直径达60厘米。它的果实有鸭蛋大小，除了黑色，什么颜色的都有，而且味道很甜。墨西哥的城市里处处栽种仙人掌，美化得与众不同。农民们也利用它们防止水土流失，保护农田。

墨西哥人吃仙人掌也很有一套。他们把仙人掌果实外边的刺削去，就可以生吃了；炒熟或做凉拌菜也别有风味。柔嫩多汁的绿茎可以盐渍糖腌，做凉菜、酸菜和蜜饯。墨西哥的菜市场里就有大量仙人掌嫩茎出售。除了直接吃，还可以用果实熬糖、酿酒。印第安人则喜欢把它磨成浆粉，煎糍粑当主食吃。

仙人掌家族能在墨西哥兴旺发达，是因为它特别适合这里沙漠、半沙漠的生活环境。沙漠中降雨很少，水的来源与保存是最大的问题。它的根特别长，不仅能使自己牢牢地站在沙漠里，还特别能吸收土壤深层的水分。它的叶子退化成了小刺毛，大大减少了水分的蒸腾散失。本来主要由叶子承担的光合作用改由茎去完成。茎是绿色的，表面有角质和蜡质，既能减少蒸腾出去的水分，又不耽误光合作用；而且茎大大加粗了，变得肥厚多汁，在下雨时能很快地生长并大量贮存水分。在沙漠中往来的行人口渴时，就劈开仙人掌的茎，取里面的积水来滋润焦干的喉咙。最大的仙人掌能储存几百千克的水呢。

被子植物的分化和发展

被子植物从出现到现在，已经经历了1亿年。在这漫长的岁月中，被子植物也有一个由简单到复杂的分化发展过程。

最原始的被子植物出现在潮湿温暖的热带地区，大概具有顶生的大花，花是两性的，在细长的花轴上生有螺旋状排列的粗厚的花被，花被和雄蕊、雌蕊都还保留孢子叶或营养叶的形状和特征。原始的被子植物是木本的，因为早期的裸子植物中没有草本的类型。从化石记录看，早期的被子植物都是双子叶植物。原始的被子植物是常绿的，因为早期的裸子植物中很少有落叶的。在温暖潮湿的热带环境中不需要落叶。

被子植物在发展过程中，经过复杂的各个演化阶段，抵制不利于自身发展的各种因素，增加了抗旱、抗寒的能力，适应性越来越强，分化出越来越多的类型，向着干旱、寒冷和高山地区推进。

原始的被子植物是乔木。到晚白垩纪初期出现了灌木和草本类型。从乔木转变成灌木或草本，主要由于受到气温下降、气候干旱的影响。

由于受到这些不利气候条件的影响，被子植物的形成层活动力减低，次生木质部大量减少，薄壁组织相对增多。草本植物的茎只相当于木本植物生长一年的茎的结构。它们尽量减低建立营养器官的消耗，提前开花，缩短花期，把养料集中到种子里，使它们更富有生命潜力，能在不利条件下保存自己，一遇合适条件就很快发芽生长。在寒冷或高山地区，由于地上部分冬季不容易生活，就产生地下茎，贮藏食物，到第二年春季再从地下茎发芽生长，这就成为多年生草本植物。

水浮莲

被子植物中的草本类型是比木本类型更进化、更加具有可塑性的植物。

原始的被子植物是双子叶植物，到晚白垩纪初期，出现了单子叶植物泽泻目和百合目。单子叶植物是从双子叶植物演变来的，主要也是由于适应不利气候条件，产生了形态上的某种改变。在单子叶植物的种子中，除一个子叶发育外，还可以看到另一个皱缩的子叶，由于受到抑制而退化。

单子叶植物的茎的许多维管束散生在薄壁组织中，不产生形成层。有的单子叶植物的叶没有叶柄和叶片的分化，叶基几乎包住茎，维管束很多，叶脉作平行封闭式，这样可以增大光合作用的效率，加快输导作用的速度。主根不发育，有许多不定根。这些都有利于在一年中比较短的时期里很快生长发育。

单子叶植物中有些种类，如禾本科中的甘蔗、玉米，它们的光合作用效率比其他植物高。这类植物叫四碳植物。它们的光合作用机理和其他植物有所不同。它们吸收二氧化碳以后，先形成一种四碳糖，就是一个分子里含有 4 个碳原子的糖，而不是像其他植物那样先形成三碳糖。看来四碳植物是比三碳植物更加进步的类型。

原始的被子植物是常绿的。到早白垩纪晚期，被子植物转向北温带发展，在接近热带的中纬度南部干凉地带，最先出现落叶类型。落叶是对于低温或干旱气候的一种适应。落叶可以减少水分蒸腾，用叶芽的形式贮存养料，可以避免低温冻害。

原始被子植物的叶子类型是大形的单叶，全缘。后来才出现裂片，又从单叶进化到复叶，增加光合作用的面积。原始的叶是互生的，以后发展到对生和轮生。叶脉最早是羽状的，以后进化到掌状或平行弧状，从开放式进化到封闭式，增进了水分和养料的运输。

被子植物的花也有一个发展过程。原始被子植物的花是大形的单花，后来变成小花，一簇花着生在共同的花轴上，形成了花序。花部原来是螺旋状排列的。后来变成半轮生、轮生。

原始的花是两性花，后来变成单性花。单性花先是雌雄同株，后来出现雌雄异株。单性花和雌雄异株，就要进行异花受粉而不是自花受粉，产生的种子可以接受双亲的遗传性，增强了后代的生活力。和这相适应，被子植物不像蕨类和裸子植物主要靠风传粉，而发展到主要靠昆虫传粉。这当然也和动物界在当时已经有大量昆虫有关。

为了适应昆虫传粉，被子植物的花里常生有蜜腺，分泌出香甜的蜜，并且花色变得鲜艳，发出芳香，来吸引各种昆虫。同时形成表面粗糙不平的柱头，有利于粘着花粉。花粉也经常分泌油和黏液，更容易粘着在昆虫身上。

原始的花是离瓣花，花瓣常是离生的，有的花萼花冠不完全。后来变成合瓣花，花瓣有不同程度的连合，形成钟状、管状、唇形等。我们前面所举双子叶植物纲里的重要的目和科，从杜鹃目起到菊目止是合瓣花类；在这以前都是离瓣花类。

被子植物从最初出现到早白垩纪末期，只产生 20 多科。到了晚白垩纪初期，又产生了 45 科。被子植物到晚白垩纪开始发展。进入新生代以后，虽然地理气候条件严酷，但是被子植物通过本身的遗传和变异，去适应这些严酷的环境条件，反而发展得更快，分化出更多类型，到现在已经有 90 多个目，200 多个科。

现在的被子植物遍布世界各地，不仅占领了陆地，还侵入了水域，真是种类繁多，丰富多彩。我们常见的许多作物、花草、灌木、乔木，极大部分都是被子植物。除此之外，为了适应一些特殊的环境，它们还有一些独特的类型。

比如，适应水域环境的被子植物，除了常见的莲、水浮莲、浮萍等草本植

猪笼草

物外，还有一类常绿灌木或小乔木，叫作红树，能生长在海岸泥滩上，不怕潮水没顶，仍能生长成林。

比如，适应干旱沙漠的被子植物仙人掌，一般高 2—8 米，茎是肉质的，可以在雨季大量贮藏水分。表皮角质化，叶子退化成棘刺，可以减少水分蒸腾，防止水分散失。

有一类吃虫的被子植物，如猪笼草、茅膏菜、毛毡苔、捕蝇草等，能分泌蜜汁、黏液或闭合刚毛，捕捉小虫，并且分泌消化液把小虫消化掉。

还有一些寄生的被子植物，如桑寄生、槲寄生，是常绿乔木，寄生在桑、槲、榆、桦等树上。菟丝子，是寄生在豆类植物上面的缠绕草本。

知识点

光合作用

光合作用是绿色植物将来自太阳的能量转化为化学能（糖）的过程。生态系统的"燃料"来自太阳能。光合作用是一系列复杂的代谢反应的总和，是生物界赖以生存的基础，也是地球碳氧循环的重要媒介。

绿色植物在光合作用中捕获光能，并将其转变为碳水化合物存储化学能。然后能量通过食草动物吃植物和食肉动物吃食草动物这样的过程，在生态系统的物种间传递。这些互动形式组成了食物链。

植物与动物不同，它们没有消化系统，因此它们必须依靠其他的方式来进行对营养的摄取。就是所谓的自养生物。对于绿色植物来说，在阳光充足的白天，它们将利用阳光的能量来进行光合作用，以获得生长发育必需的养分。这个过程的关键参与者是内部的叶绿体。叶绿体在阳光的作用下，把经由气孔进入叶子内部的二氧化碳和由根部吸收的水转变成为淀粉，同时释放氧气。

延伸阅读

花开知季节

花开知季节，这个有趣的自然现象，人们很早就知道了。很多植物的开花都有明显的季节性，例如紫罗兰、油菜花春天开，菊花秋天开，梅花冬天开。是什么因素支配着植物的开花时间呢？1920 年，加纳尔和阿拉尔特发现植物的开花主要是受光周期的控制。光周期是指一天中昼夜的相对长度。加纳尔和阿拉尔特在实验地里试种一种叫马里兰马默思的烟草新品种，这种烟草在田间栽培时不能开花结籽，若在冬季来临前将植株从田间移到温室，或冬天在温室中成长的植株都可以开花结籽。他们因此就考虑这种烟草的开花是否与冬季有某种关系。这时加纳尔又想到了比洛克西大豆播种期的试验，从春到夏，每隔 10 天播种一次，最后差不多都在晚秋同一时期开花。这些研究结果最后使他们联想到随季节变换而发生的昼夜相对长度的变化对开花的影响。他们用一小型的暗箱把植物搬进搬出，来缩短日照时间，结果发现人为缩短夏季的日照长度，烟草在夏季也可以开花；而在冬季温室中如用电灯人为延长光照时间，则烟草不开花。

通过多方面的实验，他们证明了植物的开花与昼夜的相对长度（即光周期）有关。植物对昼夜相对长度的反应叫作光周期现象。

光周期现象的发现，使人们认识到了光作为"信号"的作用。人们现已知道光周期不仅与植物开花有关，而且对茎的伸长、块茎与块根的形成、芽的休眠、叶子的脱落等都有影响。

ZHIWU DE QIANSHI JINSHENG YU WEILAI

被子植物的特征

被子植物的习性、形态和大小差别很大，从极微小的青浮草到巨大的乔木桉树。大多数直立生长，但也有缠绕、匍匐或靠其他植物的机械支持而生长的。多含叶绿素，自己制造养料，但也有腐生和寄生的。虽然它们的习性不同，但其生物特征都具有以下相同性。

具有真正的花

花是被子植物的繁殖器官，其生物学功能是结合雄性精细胞与雌性卵细胞以产生种子。这一进程始于传粉，然后是受精，从而形成种子并加以传播。对于高等植物而言，种子便是其下一代，而且是各物种在自然分布的主要手段。同一植物上着生的花的组合称为花序。

被子植物具异形孢子，亦即能产生两种生殖孢子。花粉（小孢子，雄性）和胚珠（大孢子，雌性）分别产生于不同器官，但典型的花则同时含有大小孢子，因为它两种器官兼有。

从本质上说，花的结构是由顶端分生组织的花芽和"体轴"分化形成的。花可以以多种方式着生于植物上。如果花没有任何枝干，而是单生于叶腋，即称为无柄花，而其他花上与茎连接并起支持作用的小枝则称为花柄。若花柄具分支且各分支均有花着生，则各分支称为小梗。花柄的顶端膨大部分称为花托，花的各部分轮生于花托之上，四个主要部分从外到内依次是：花萼（位于最外层的一轮萼片，通常为绿色）、花冠（位于花萼的内轮，由花瓣组成，常有颜色以吸引昆虫帮助授粉）、雄蕊群（花内雄蕊的总称，花药着生于花丝顶部，是形成花粉的地方，花粉中含有雄配子）、雌蕊群（花内雌蕊的总称，可由一个或多个雌蕊组成）。组成雌蕊的繁殖器官称为心皮，包含有子房，而子房室内有胚珠（内含雌配子）。

花被是一朵花中的花萼与花冠的合称，位于雄蕊和雌蕊的外围。

具有雌蕊

雌蕊由心皮所组成，包括子房、花柱和柱头 3 部分。胚珠包藏在子房内，得到子房的保护，避免了昆虫的咬噬和水分的丧失。子房在受精后发育成为果实。果实具有不同的色、香、味，多种开裂方式；果皮上常具有各种钩、刺、翅、毛。果实的所有这些特点，对于保护种子成熟，帮助种子散布起着重要作用，它们的进化意义也是不言而喻的。

具有双受精现象

双受精现象，即两个精细胞进入胚囊以后，1个与卵细胞结合形成合子，另1个与2个极核结合，形成3n染色体，发育为胚乳，幼胚以3n染色体的胚乳为营养，使新植物体内矛盾增大，因而具有更强的生活力。所有被子植物都有双受精现象，这也是它们有共同祖先的一个证据。

孢子体高度发达

被子植物的孢子体，在形态、结构、生活型等方面，比其他各类植物更完善化、多样化，有世界上最高大的乔木，如杏仁桉，高达156米；也有微细如沙粒的小草本如无根萍，每平方米水面可容纳300万个个体。有重达25千克仅含1颗种子的果实，如王棕（大王椰子）；也有轻如尘埃，5万颗种子仅重0.1克的植物如热带雨林中的一些附生兰；有寿命长达6000年的植物，如龙血树；也有在3周内开花结籽完成生命周期的植物；有自养的植物也有腐生、寄生的植物。在解剖构造上，被子植物的次生木质部有导管，韧皮部有伴胞，输导组织的完善使体内物质运输畅通，适应性得到加强。

配子体进一步退化

被子植物的小孢子（单核花粉粒）发育为雄配子体，大部分成熟的雄配子体仅具2个细胞（2核花粉粒），其中1个为营养细胞，1个为生殖细胞，少数植物在传粉前生殖细胞就分裂1次，产生2个精子，所以这类植物的雄配子体为3核的花粉粒，如石竹亚纲的植物和油菜、玉米、大麦、小麦等。被子植物的大孢子发育为成熟的雌配子体称为胚囊，通常胚囊只有8个细胞：3个反足细胞、2个极核、2个助细胞、1个卵。反足细胞是原叶体营养部分的残余。有的植物（如竹类）反足细胞可多达300余个，有的（如苹果、梨）在胚囊成熟时，反足细胞消失。助细胞和卵合称卵器，是颈卵器的残余。由此可见，被子植物的雌、雄配子体均无独立生活能力，终生寄生在孢子体上。配子体的简化在生物学上具有进化的意义。

颈卵器消失，其余为卵器

被子植物的上述特征，使它具备了在生存竞争中，优越于其他各类植物的内部条件。被子植物的产生，便地球上第一次出现色彩鲜艳、类型繁多、花果丰茂的景象，随着被子植物花的形态的发展，果实和种子中高能量产物的贮存，使得直接或间接地依赖植物为生的动物界（比如昆虫、鸟类和哺乳类），获得了相应的发展，迅速地繁茂起来。

孢 子 体

由植物的孢子和花粉外壁形成的壳质组成。

在植物世代交替的生活史中，产生孢子和具2倍数染色体的植物体。由受精卵（合子）发育而来。苔藓植物的孢蒴及其附属结构（蒴柄和基足）、蕨类和种子植物的习见植物体都是孢子体。苔藓植物的孢子体不能独立生活，寄生在配子体上。蕨类植物孢子体发达，占优势地位，配子体也能独立生活，但生活期很短。种子植物的孢子体占绝对优势，配子体非常简化，不能独立生活，寄生在孢子体上。

植物也有激素

动物的体内有多种激素，调节着动物的生长发育，有着十分重要的作用，那么植物体内有没有激素呢？回答是肯定的。

天然的植物激素并不多，据统计，700万株玉米幼苗所分泌的植物激素，也只有针尖大的地方。但是就是这极微小的激素，对植物的生长有着不可估量的作用。

　　屋子里的花草，会自动转向有光的地方，向日葵紧紧跟随着太阳，这些都是生长激素的作用。树的树冠，上尖下粗，这也是生长素的作用。顶端芽的生长素能抑制侧枝的生长，越靠下，抑制作用则越小，所以树冠就成了上小下大。知道了这一点，农民把棉株的尖端剪掉，侧枝增多，就有可能收获更多的棉花。绿化篱的顶芽被剪掉，于是它就不再长高，侧向发展，变得很厚，绿化效果就更好了。

　　生长素还能促进果实的生长。人们把没有授粉的苹果、桃、西瓜等注入生长素，就可以吃上无籽的果实了。

　　大量的水果如果被装在一个容器里，就很容易变熟，甚至变坏，这是一种叫乙烯的植物激素在"作怪"，常常一个成熟果实会促使整袋整箱的水果变熟。如果无意中买来生水果，也不必着急，放入其中一个熟果实，几天后不就全熟了吗？

　　还有一种激素叫脱落酸，它能促进植物的衰老。在冬天里，脱落酸使植物叶子落光，进入休眠状态，也有一定的积极作用呢。植物的激素，可是不容忽视啊！

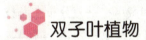

双子叶植物

　　我们知道，被子植物分为双子叶植物和单子叶植物。双子叶植物指植物种子体内有两片子叶，属双子叶植物纲，又称木兰纲。包括大多数常见植物，其中很多与我们的生活息息相关。如棉花、大豆、花生、向日葵、番薯、马铃薯、苹果、烟草、薄荷和各种瓜类等。

　　在自然界，我们可以根据叶片的脉序、根系的类型和花的形态特征来区别这两类植物。一般来说像苹果树、杨树、榆树、洋槐、棉花、向日葵等双子叶植物，它们的叶片具有网状脉序；而小麦、水稻、竹子、鸢尾等单子叶植物的叶片为平行脉序或弧形脉序，这种特征用肉眼即可观察，若把叶片对着阳光来看，可以观察得更清楚。在根的形态上，双子叶植物一般主根发达，故多为直根系。茎有明显的髓心和皮层，维管束连成一圆圈，有环状排列的形成层，木本植物的茎能增粗生长，年轮明显。花部通常为4~5基数。双子叶植物2344科，

20多万种。我国200科，2万多种，其中木本植物约7000种，乔木约2500种。

木兰科

乔木或灌木。含芳香油；小枝具环状托叶痕。单叶互生，全缘稀缺裂，托叶包被幼芽。花两性，稀单性，单生，萼片和花瓣相似，分离，成3～5轮排列；雌蕊、雄蕊均多数，分离，螺旋状着生在伸长的花托上。聚合蓇葖果，稀聚合翅果。17属，约90种。我国13属，80种以上，在南方常绿阔叶林中极为习见，有不少优良用材及园林绿化树种。

1. 木兰属

叶全缘，稀先端2裂。花单生枝顶，雄蕊群与雌蕊群之间无间隔，每个雌蕊有胚珠2。聚合蓇葖果，每小果有种子1～2个，外种皮鲜红色，肉质；内种皮坚硬，种脐有细丝与胎座相连。有60种。我国约26种。

①厚朴

落叶乔木，高达20米，胸径35厘米。树皮紫褐色，具纵裂纹；冬芽大，卵状圆锥形。叶大，叶背有弯曲毛及白粉，椭圆状倒卵形，先端急尖或钝圆，长20～25厘米，宽10～24厘米，集生于枝顶。花白色，芳香。聚合果圆柱形，小蓇葖全部发育，具雀嘴状尖头。4～5月开花，10～11月果熟。

自陕西、甘肃南部至华东、西南、中南都有分布和栽培；垂直分布在海拔500～1500米之间，多为零星栽培，稀野生或成林。喜光，根系发达，宜温暖气候及肥沃、排水良好的酸性土，生长较快，萌芽、萌蘖力较强。用种子、分蘖繁殖。树皮为常用中药材，主治伤寒等病，芽、叶、花、果、种子也可入药。木材淡黄褐色，质轻软、结构细，不翘裂，供家具、乐器、工艺等用材。也可选为园林绿化树种。

②凹叶厚朴

形态、性状、用途与厚朴近同，主要区别在叶的先端2深裂，背面的毛直伸平伏。多分布在华东一带，华中、华南一带可

凹叶厚朴

用于造林。

③玉兰（白玉兰、迎春花）

落叶乔木，高达15米。冬芽密被灰绿或灰黄色绒毛。叶全缘，倒卵形或卵状矩圆形，先端突短尖，基部楔形，叶面光滑，叶背疏生短毛。花常先叶开放，花被瓣9，白色微芳香。聚合果圆筒形，果柄有毛。3月开花，10月果熟。喜湿润肥厚土壤，生长较慢，有萌芽力。用种子、嫁接繁殖。园林观赏树种，花瓣可食用。木材可做细木工用。

④荷花玉兰（广玉兰、洋玉兰）

常绿乔木，高达30米。新枝和芽均密被锈褐色或灰黄色绒毛。叶厚革质，长10~20厘米，宽4~10厘米，长椭圆形，叶面深绿色，有光泽，叶背被锈褐色绒毛，边缘微反卷。花白色，荷花状，大而美丽，芳香；雄蕊花丝紫色。聚合果圆柱形，密被锈褐色或灰绿色绒毛。原产北美。长江以南及台湾等地，多用于园林、行道绿化。喜湿润、肥沃深厚土壤，

荷花玉兰

较抗烟尘，生长较慢，寿命长。用种子或压条繁殖。四季碧绿，花大美丽，是园林珍贵树种。叶入药，治高血压。

2. 木莲属

常绿乔木。花单生枝顶；雌蕊群与雄蕊群之间无间隔。每个雌蕊有胚珠4或4个以上。聚合蓇葖，小果全部发育，各有种子4至多数，外种皮红色或褐色。有30种。我国17种以上，为长江流域以南常绿阔叶林中次层林的常见种类。

木莲，乔木，高达20米。树皮灰色；幼枝和嫩叶被褐色绢毛。叶革质，全缘，长圆状披针形，先端突钝尖，基部楔形，网脉不明显。花白色，花被瓣9。聚合蓇葖，卵形或阔卵形，小果外被瘤点。种子的外种皮褐色。4月开花，10月果熟。分布于长江流域以南、华东、华南、西南等地，垂直分布达海拔2000米，是常绿阔叶林的重要组成树种。耐阴，喜温暖湿润气候和肥沃的酸

性土壤，不耐干瘠，生长中速，有萌芽力。用种子繁殖。木材淡黄褐色，结构细，纹理直，少翘裂，供建筑、家具、乐器、工艺等用材。

3. 白兰花属

常绿乔木、灌木。树皮通常灰色。叶全缘，叶柄上具托叶痕。花单生叶腋，芳香。雌蕊群与雄蕊群有间隔，每个雌蕊有胚珠2个以上。聚合蓇葖的部分小果不发育，发育小果各有种子2至数个，外种皮红或褐色。有50种。我国30种，为南方常绿阔叶林常见树种。不少种类常用于观赏和园林绿化。

①白兰（白玉兰、玉兰花）

乔木，高达20米，胸径30厘米。芽密被淡黄色绢毛。叶薄革质，长椭圆状披针形，叶柄的托叶痕长不及叶柄的1/2。花玉白色，芳香，4～9月陆续开放，常不结果。原产印尼爪哇。现广栽于广东、广西、福建、云南等地。生长较速，喜温暖气候及湿润肥厚土壤，不耐寒，较抗烟尘，萌芽力较弱。用压条或嫁接繁殖。为名贵的园林绿化、观赏树种，也可用花熏茶和提取高级香料，供轻化工用。

②火力楠（棉毛含笑、楠木）

乔木，高达20米。树皮灰褐色，有棕褐色斑块。芽、幼枝、幼叶均被锈褐色绢毛。叶倒卵形或椭圆形，叶面绿色有光泽，叶背面被灰黄色绢毛，网脉明显。花白色或淡黄色，微芳香。聚合蓇葖，小果外被瘤点。种子1～3，外种皮肉质红色。2月开花，11月果熟。主产广东中部和南部山地，垂直分布在海拔500～600米之间，常混生于常绿阔叶林中，或成小片纯林。较耐阴，根系发达，喜肥厚湿润酸性土，耐寒，抗风，生长迅速，有萌芽力。用种子繁殖。木材淡黄褐色，结构细，纹理直，不翘裂，耐腐朽，抗虫蛀，是建筑、车船、家具的优良用材。也常用于园林行道绿化，营造纯林或混交林。

4. 鹅掌楸属

鹅掌楸（马褂木），落叶乔木，高达40米，胸径1米。树皮灰色，纵裂，一年生枝灰色或灰褐色。叶马褂形，叶片顶端截平或微凹，两侧常有1缺裂，老叶背面密被乳头状白粉点。花黄绿色，单生枝顶。聚合翅果纺锤形，小果先端钝或尖。5～6月开花，10月果熟。分布华东、华南、西南等山地，常与落叶或常绿阔叶树混生各大城市多有栽培；垂直分布达海拔1700米。喜光，喜温凉湿润气候，要求深厚肥沃、排水良好的土壤，生长中速，有萌芽力，寿命长。用种子繁殖。木材淡红褐色，质轻软，结构细，纹理直，少翘裂，供作家具、建筑、工艺等用材。叶形古雅，树姿秀美，秋后变黄，是著名的园林绿化观赏树种。

茶科

常绿，稀落叶乔木、灌木。单叶互生，羽状脉，叶缘多有锯齿，无托叶。花通常两性，单生，整齐，萼片5～7，花瓣通常5，复瓦状排列；雄蕊多数分离或基部合生；子房上位，通常3～5室或多至10室，每室胚珠2至多数，中轴胎座。蒴果，稀有浆果。约20属，250余种。我国15属，190多种，分布长江流域以南，为常绿阔叶林的重要组成种类。不少种类在特用经济、观赏、材用方面十分重要。其中枵木属的种类，极为习见，可作为酸性土指示植物。

1. 茶属

常绿乔木或灌木。叶互生，革质，叶缘有锯齿。花两性，单生或2～4簇生，萼片与苞片相似，花瓣白或红色，基部相连，雄蕊成两轮排列，外轮的花丝合生，子房3～5室。蒴果木质。种子大，球形或有棱角。约80种。我国15种以上，种子富油脂。其中茶的嫩叶及幼芽加工成茶叶，为优良饮料，是世界三大饮料之一，我国茶叶产量占世界首位，是重要的出口物资。山茶花等是著名的观赏植物。

油 茶

油茶（中果茶、茶子树），小乔木。树皮淡黄褐色，被粉屑，不开裂。叶卵状椭圆形或卵形，厚革质，叶背侧脉不明。花单生，柄短，白色，萼片多数，早落；子房密生白色绒毛。蒴果球形。种子起棱，三角形或半球形，褐黄色。10～12月开花，次年9～10月果熟。分布秦岭以南，长江流域直至广东、广西，主产湖南、江西、浙江，在云南、贵州海拔2000米山地仍能正常生长发育。幼时稍耐阴，成长后喜光，深根性。喜温暖气候及湿润肥厚、排水良好的酸性土，生长慢，寿命长，萌芽力强。用种子繁殖，也可萌芽更新。

重要的木本油科，种子含油量30%，种仁含油量50%，是我国南方主要食用油之一，也供制油漆、润滑油等；油麸可做肥料、洗涤剂、农药。木材浅红褐色，结构细，纹理斜，有翘裂，坚硬，耐力，供作工具柄、机械、工艺等用材。我国栽培油茶的历史悠久，有许多优良品种，如霜降子等。

2. 木荷属

常绿乔木。树皮内有白色纤毛，能刺痒皮肤。单叶，互生，革质。花常单生叶腋，美丽，具2苞片；萼片5，花瓣5，雄蕊多数，子房5室，每室胚珠2~6。木质蒴果，扁球形。种子扁薄，肾形，具膜翅。约12种。我国9种，为南方常绿阔叶林常见树种。

荷木（木荷、荷树、何树），乔木，高达30米，胸径1米。树皮深灰褐色，不规则块状开裂。叶卵形，椭圆形或长椭圆形，先端渐尖或短尖，基部楔形，叶缘有疏齿，叶背浅绿色，无毛。花白色，有长柄，单生于枝梢叶腋，或5~7朵组成伞房花序。5~7月开花，11~12月果熟。分布长江流域以南至广东、广西、西南；垂直分布达海拔1500米，在常绿阔叶林中极为习见。较喜光，深根性，宜酸性和中性土，耐干瘠，生长迅速，萌芽力强。用种子繁殖。

木材浅红褐色，纹理直，结构细，不翘裂，耐用，木纹美丽，是优良的纺纱用材，亦为建筑、家具、车船、文体、军工等用材。树皮及叶可毒鱼、杀虫、灭钉螺。可用于营造防火、防风林带和针阔混交林。

龙脑香科

乔木。有特殊香味树脂。单叶互生，羽状脉，常被星状毛或盾状鳞片，托叶早落。花两性，萼片5，宿存，结果时常增大成翅状；花瓣5，扭曲，常被毛；雄蕊多数；子房上位，3室，每室2胚珠。坚果或蒴果。种子1，无胚乳。有25属，350种，为热带雨林的重要组成树种。我国4属，8种以上，均为珍贵用材，如在云南、广西近年发现的望天树和擎天树，高达60多米，十分珍奇，已列为全国重点保护林种。

1. 坡垒属

乔木。枝叶各部常有盾状鳞片。叶的侧脉先端不达叶缘，托叶小，早落。萼片复瓦状排列；雄蕊药隔顶部附属物芒状，花序极短。坚果的宿存萼仅2

枚，增大成翅状。有 50 种。我国 3 种，分布广东、广西、云南。

坡垒，常绿大乔木，高达 20 米。树干通直，树皮深黑褐色，块状脱落，有淡红色斑块。叶椭圆形或长椭圆形，细脉平行排列，叶柄粗壮，有皱裂。圆锥花序，花较小，花瓣、萼裂各 5，雄蕊 15。坚果近球形，为扩大宿萼所包围，其中两萼裂特大成翅状，倒披针形，红褐色。7～9 月开花，次年 2 月中旬果熟。

海南岛特产珍贵用材，散生于海拔 100～1000 米的山谷和东南坡上。广东、广西、云南南部有栽培，生长良好。耐阴，深根性，具板状根，喜凉爽湿润、静风的环境，生长慢，有萌芽力。用种子繁殖。

坡 垒

边材淡褐色，心材深褐色，结构致密，少翘裂，木纹美丽，有光泽，质坚重，耐腐朽，抗虫蛀，是建筑、桥梁、车船、家具、文体、工艺等优良用材。列为全国第一类重点保护的珍贵树种。

2. 青皮属

乔木。枝、叶各部常有星状毛。叶的侧脉先端不达叶缘，托叶小，早落。萼片张开时呈镊合状排列，雄蕊药隔顶部附属物短而钝，蒴果的宿存萼均增大成翅，大小不等。约 50 种。我国两种，产海南及广西。

青皮（青梅），常绿乔木，高达 30 多米，胸径 1.2 米。树皮青灰色，近光滑，有淡绿色斑；小枝、叶柄、花序、

青 皮

花被，均常被星状小绒毛。叶长椭圆形至披针形。总状花序，萼裂片线状椭圆形，花瓣线状匙形，白色，芳香。蒴果球形，翅状萼2长3短。5～6月开花，8～9月成熟。

分布海南岛中部海拔1000米以下山地及西部干旱低丘，为热带季雨林的主要组成树种。列为全国第二类重点保护的珍贵树种。喜光，深根性，适性广，耐干瘠，生长慢，寿命长。用种子繁殖。珍贵硬材，心材褐灰色，边材稍浅，结构细致，少翘裂，有光泽，质坚重，耐腐朽，供作车船、建筑、桥梁、家具、文体、工艺等用材。

杜鹃科

灌木或小乔木。单叶互生，稀对生或轮生，无托叶。花两性，整齐或两侧对称，单生，或组成总状、圆锥状或伞形花序；萼4～5裂，宿存；花冠4～5裂，稀离生；雄蕊通常为花冠裂片的2倍或同数，着生在花盘的基部，花药2室，常具尾尖，顶孔开裂，子房上位，2～5室，胚珠多数，花柱和柱头单生。蒴果，稀浆果或核果。种子有翅或无翅，有胚乳。约50属，1300种。我国14属，700种，遍布全国。杜鹃属中不少种类是世界著名的观赏植物。

杜　鹃

杜鹃属，灌木，稀小乔木。叶互生，有柄，全缘，稀有毛，脱落后成细锯齿。花有小梗，伞形总状花序，顶生；萼5裂；花冠轮形、钟形或漏斗形，5～10裂；花柱细，柱头头状。蒴果，卵形或长椭圆形。种子小，两端伸长成翼状。约1000种以上。我国300多种。

①兴安杜鹃（达子香、野杜鹃）

常绿灌木，高1～2米。树皮灰或灰褐色，幼枝褐色被毛及鳞片。单叶互生，长圆形或卵状长圆形，长1～5厘米，宽1～1.5厘米，近革质，基部宽楔形，先端钝或钝尖，全缘，表面深绿色，散生白色腺鳞，背面淡绿色或淡褐色。花冠漏斗形，淡红紫色。蒴果圆柱形，密被腺鳞。5月开花，7～8月果熟。分布黑龙江、吉林等地。常见于高燥山坡或山脊，多形成灌丛。可作观赏植物和蜜源植物。

②杜鹃（映山红、四春花）

常绿或半常绿灌木，高达 3 米。分枝多而细，密被黄色或褐色硬毛。叶卵状椭圆形至椭圆状披针形，长 2～6 厘米，宽 1～3 厘米，先端尖，基部楔形，表面深绿色，疏被硬毛，背面浅绿色，密被褐色细毛。花 5～6 朵簇生枝端，萼 5 片，宿存；花冠漏斗形，玫瑰色、浅红色或深红色，上部 1 瓣及其近侧 2 瓣，有深红斑点。蒴果卵圆形，密被硬毛。4 月开花，10 月果熟。分布于长江流域及珠江流域各省。多见于海拔 900 米以下的山坡、平地、疏林中，是酸性土壤指示植物。常栽培供观赏用。

越桔科

灌木。单叶互生、对生或轮生。花两性，通常整齐；花萼合生 4～5 浅裂，花冠常为壶形、钟形或筒形，雄蕊为花冠裂片的 2 倍，着生在花冠基部；子房下位，4～10 室，胚珠多数。浆果或核果。

越桔属，灌木。单叶，全缘或有锯齿。花单生或成总状花序，萼片小，4～5 裂。花药背部有时有芒刺 2。浆果具多数种子，萼片宿存。约 300 种。我国 65 种。

越桔（牙疙瘩、红豆），常绿小灌木。有匍匐地下茎，地上茎约高 5～30 厘米。叶革质，叶背面淡绿色，散生黑斑点，倒卵状椭圆形至倒卵形，长 1～2 厘米，宽 8～10 毫米，基部楔形，先端钝或圆，或微凹，叶缘上部具微波状锯齿或全缘。花下垂，短总状花序，花冠钟形，4 裂，白色略带淡红色。浆果球形，熟时红色。6～7 月开花。8 月果熟。分布于东北部和东部、内蒙古东部、新疆等地。常生于高山上的针叶林下、灌丛或高山上酸性沼泽中。果味酸，可酿酒、制果酱或生食。叶入药或代茶用。种子可榨油。越桔可盆栽供观赏。

山竹子科（藤黄科）

灌木、乔木。含黄色或白色胶液。单叶，对生，全缘，羽状脉，常无托叶。花单性或杂性，稀两性，萼片 2～6，花瓣 2～6（4～12）；雄蕊多数，花丝分离或基部连合；子房上位，1～12 室，每室 1 至多数胚珠。浆果、核果或

山竹子

蓇葖果。种子常有肉质假种皮，无胚乳。约35属，400多种。我国5属。12种。

山竹子属，常绿乔木或灌木。胶液黄色，味苦。叶全缘，侧脉较稀。花单性或杂性，萼片、花瓣各4，雄蕊合生为1～5束，或花药聚成球体或4裂体，稀分离，子房2～12室，每室1胚珠，花柱粗短。种子富含油脂，有肉质假种皮。有200种。我国6种，产华南、西南、华东。

山竹子（竹桔子、黄芽果、多花山竹子），乔木，高达18米。树干通直，树形美观。叶味微酸，卵状长椭圆形，顶端渐尖或急尖，基部楔形。花常单性，顶生圆锥或总状花序，橙黄色。球形浆果，熟时青黄色，花柱宿存。种子大，扁圆肾形。6～7月开花，11～12月果熟。分布于广东、广西、福建、江西、云南、台湾等海拔1000米以下山地、沟谷和常绿阔叶林中。云南南部垂直分布达海拔2100米。耐阴，深根性，较耐寒，生长较慢，萌芽力强。用种子繁殖。

木材黄褐色，纹理直，结构粗，少翘裂，供作建筑、车船、家具、工艺、文体等用材。假种皮味酸甜，富胶液，微带涩味，可食。果、树皮可入药。种子含油量45％，种仁含油量56％，油供工业用。可选为园林绿化树种。

知识点

脉序

脉序指叶片中叶脉分布的类型。它可分为网状脉序和平行脉序。

网状脉序，叶片上有1条或几条主脉，主脉向两侧分出许多侧脉，侧脉再分出许多细脉，相互连接成网状。双子叶植物的叶脉大多数属此类型。网状脉序又因主脉数和侧枝分支的不同，再分为羽状（网）脉和掌状（网）脉，前者如梨、枇杷、茶、桑、柳等的叶脉；后者如棉、南瓜、蓖麻的叶脉。

平行脉序，叶片上中脉和侧脉都自叶片的基部发出，大致互相平行，至叶片的顶端汇合，或侧脉平行与中脉呈一定角度。各平行脉间有细脉横向连接，但不成网状。单子叶植物的叶脉大多属此类型。平行脉又可分为直出（平行）脉，中脉与侧脉平行地自叶基直达叶尖，如水稻、小麦、玉米等的叶脉；有的为侧出（平行）脉，侧脉与中脉垂直，自中脉平行地直达叶缘，如芭蕉、香蕉等的叶脉；有的为射出（平行）脉，各叶脉从基部辐射而出，如棕榈的叶脉；有的平行脉自基部发出，在叶的中部彼此距离逐渐增大，呈弧状分布，最后在叶尖汇合，如车前、紫萼等的叶脉。

延伸阅读

植物也能感知春天

植物能从气温的升高感知季节的变化。但是，如果仅取决于这一点，那么，植物就会把严冬季节中几天短暂的回暖误认为是春天来了。这种错误的信号对植物是有害的。植物是依据千变万化的环境信息来确定时令。而且，不同的植物，甚至同一植物的不同部分，可能会对不同的信息有反应。

许多树的胚芽必须在积累了一定的"冷量"之后才能对气温升高，或者日照变长等代表春天的信息有所反应。例如，不同品种的苹果胚芽需要在接近冰点的气温下度过 1000～1400 小时。科学家已经发现，如果一棵丁香树上只有一个胚芽积累了足够的冷量，那么，就只有这一个芽会开花。

许多种子都有外壳或是种皮。当春天来临的时候，它们的外壳和种皮因冬天的气候影响而脱落或破损了，这使萌发所需要的水和氧气得以进入种子里面，还有剥去种皮能使种子萌芽时不受束缚，也去除了其中可能含有的某种抑制生长的化学物质。

使得许多植物年年都在同一时间开花的另一种机制称为光周期现象，当植物的叶片感受了它所合适的昼夜长度周期后，叶片就会分泌出促使形成花芽的物质，并随光合产物输送到花的生长点。接到这信息之后，植物就在春天绽开了花蕾。

单子叶植物

单子叶植物绝大多数为草本，极少数为木本，维管束分散，筛管的质体具有楔形蛋白质的内含物，除百合目的一部分植物外，维管束通常无形成层。一般主根不发达，由多数不定根形成须根系，如小麦、葱、水稻等。一般无次生增粗生长，木本植物无年轮。叶为平行脉。花部通常为3基数。胚具1子叶。有89科，5万种以上。我国47科，约4000种。多是草本植物，遍布各处，仅棕榈科和禾本科的竹亚科中，有木本植物210多种。

棕榈科

常绿乔木、灌木或攀缘藤本。通常单干直立，不分枝，树干有叶基宿存，或具环状叶痕。单叶掌状分裂或羽状复叶，大型，常集生干顶，成独特的"棕榈型"，叶鞘纤维质。花小，两性或单性，肉穗花序，具鞘状佛焰苞；花被瓣通常6，2轮，雄蕊6至多数，2轮；子房上位，1～3室，每室1胚珠。浆果或核果，花被宿存。约230属，2640种，热带、亚热带。我国16属61种，主产台湾、华南、西南；引入数种。有重要的经济植物，如食用油料树种油棕，著名果品海枣，名贵药材槟榔，特用纤维白藤、黄藤，美丽的观赏树种大王椰子、假槟榔等。

棕 榈

1. 棕榈属

乔木或灌木。树干具环状叶痕。单叶团扇形，掌状深裂至中下部，叶片先端直立，叶柄两侧有锯齿。花序较长，佛焰苞多数，被茸毛；花小，花萼3裂，雄蕊6，心皮3，子房3室。核果。约10种。我国6种，分布长江流域以南。

棕榈（棕树），乔木，高达15米。树干上部具黑褐色叶鞘。叶大，径达70厘米。花小，淡黄色。果肾形，径0.5～0.8厘米，熟时黑褐色，微被蜡和白粉。5～6月开花，10～11月果熟。

分布于秦岭、长江流域以南，以四川、贵州、云南、湖南、湖北、陕西最多，各地多有栽培。垂直分布多在海拔1500米以下，最高达海拔2700米。耐阴，浅根性，适酸性、中性、钙质土，喜肥沃湿润，生长慢，寿命长。用种子繁殖。棕皮和棕丝坚韧富弹性，耐水湿，供制绳索、棕垫、地毡、蓑衣、扫刷用；树干可做水槽、扇骨等。果和棕皮收敛止血，可入药。也是秀丽的园林绿化树种。

2. 蒲葵属

树干具环状叶痕。单叶，团扇形，掌状浅裂至中部或上中部，裂片先端下垂，叶柄两侧有刺，佛焰苞多数，花小，两性，花萼、花瓣各3裂，雄蕊6，心皮3。核果。有20种。我国4种，分布华南、台湾。

蒲葵（葵树、扇叶葵），乔木，高达20米。树干上部的叶鞘棕黄色，棕皮薄，棕丝较稀而短。叶大，径可达1米，柄长1～1.5米。果椭圆形至长椭圆形，长1.8厘米，熟时蓝黑色。分布于广东、广西、台湾、福建，以广东新会县最多；湖南、江西、四川也有栽培。较耐荫，根系发达，喜肥厚湿润的酸性土，较抗烟尘，生长迅速，寿命长。用种子繁殖。叶的纤维长韧，供制葵扇、编织器物。树干可作水槽、支柱。种子入药。该树是秀丽的行道、园林绿化树种。

3. 椰子属

仅1种。产热带。

椰子，乔木，高达30米。树形挺秀，干上具环状叶痕。羽状复叶，长3～7米，小叶窄带状披针形。花单性同株；雄蕊6；子房3室，但仅1室成熟。大型核果，径达25厘米，圆形、椭圆形，稀为3棱形，外果皮革质，中果皮厚纤维质，内果皮（椰壳）坚硬骨质，基部具3个孔，熟时暗棕褐色；胚乳（椰肉）白色肉质，附生椰壳上，果腔中含椰汁。全年开花，花后约12个月果熟，以7～9月为采果最盛期。

台湾、福建、广东、广西南部沿海如云南西双版纳等地有栽培，以海南岛

ZHIWU DE QIANSHI JINSHENG YU WEILAI

椰 子

东部最多，栽培历史达 2000 多年之久，有高种、矮种、青椰、红椰等类型。典型的热带海岸树种。喜光，根系发达，抗风力强，要求高温多雨、有海洋湿润咸风的环境。喜排水良好的海滨和河岸冲积土、沙壤土，忌黏重和积水的沼泽地；寿命长，百年尚结实。用种子繁殖。

热带重要木本油料，椰肉含油脂 33%、蛋白质 4%，油供食品、制肥皂等用；椰皮纤维坚韧耐用，耐水湿，可制绳索、地毡、扫刷、垫具等；椰壳可制乐器、盛器；海南岛的椰雕工艺中外驰名，历史悠久。叶片供编织器物，作篷盖。椰子是海岸一带重要的行道、园林绿化树种。

禾本科

草本、木本。地上茎秆圆形或扁平，有节。单叶，由叶鞘、叶片组成，互生，2 列；叶鞘抱茎，但不闭合，顶端两侧常具叶耳，与叶片连接处的内面具透明的叶舌。花常两性，由多数小穗集成穗状、总状、头状或圆锥花序；小穗由一朵或几朵小花组成，小穗轴基部有 1~2（或无）颖片（空苞）；小花被外稃、内稃，具 2~3 透明鳞被（浆片）；花丝细长，羽毛状，子房上位，1 室，1 胚珠。多为颖果，胚乳含丰富淀粉。有 620 属，6000 种，多为草本，遍布全球。我国 183 属，1150 多种。根据形态、结构和习性等，又分为禾亚科、竹亚科。

禾亚科

一年生草本，稀多年生、秆木质化。地下茎常为匍匐性。叶片通常细长披针形、平行脉，中脉显著，无柄，与叶鞘连接处无明显的关节，不易脱落；叶鞘顶端有时具须毛，无外叶舌。约 550 多属，6000 多种，广布世界各地。国产 170 多属，670 多种。

竹亚科

多年生木本，呈乔木状、灌木状或蔓生。地上茎（竹秆）和地下茎（竹鞭）有3种主要生长类型：单轴散生：竹鞭细长，在地下延伸，于一定距离处出土成笋，竹秆散生；合轴丛生：竹鞭节密短粗，出土的竹秆丛生；复轴混生：具延伸和密节的竹鞭，出土成笋的竹秆散生和丛生。

竹秆分秆柄、秆基、秆茎三部分。秆柄位于最下部，细小，短缩，不长根；秆基节密粗壮，入土长根，常有巨形芽；秆茎是地上部分，通常圆形、中空、分节；节有两环，下为箨（鞘）环，上为秆环，两环之间称节内，内具木质隔板；两节之间称节间；节上的芽可萌发成竹枝。从竹枝萌发的新枝，称为次生枝。

竹秆具秆箨（竹壳、竹箨），分箨鞘、箨叶、箨耳、箨舌四部分，宿存或脱落性。叶片基部具短柄，与叶鞘连接处成关节，叶鞘顶端常有燧毛和内外叶舌。竹类较少开花。常为颖果，也有坚果、浆果。约60属，1000种，东南亚最多。我国约30属，250种；丛生竹主产华南，散生竹主产长江流域。

1. 毛竹（刚竹）属

地下茎单轴散生型，竹秆散生。秆节有两根斜出的分枝，分枝的一侧扁平或具沟槽。秆箨早落，箨舌发达。叶具小横脉。小穗的小花2～6，小花有雄蕊3、鳞被3。

约50种。我国约40种，分布黄河流域以南，是我国最重要的经济竹类。

① 毛竹（楠竹、孟宗竹）

乔木状，高达25米，径粗30厘米。幼秆被毛或白粉，秆环平，箨环隆起；秆箨厚革质，背面密被棕紫色刺毛及黑褐色墨斑，箨耳小，箨叶反曲。叶有明显小横脉，柄短，质较薄，叶背密被毛。分布较广，东起台湾，西至

毛 竹

四川中部；南至广东、广西中部，北至安徽北部；山东、河南南部也有栽培；以浙江、江西、湖南为中心产区。垂直分布达海拔1400米。是我国竹类中面积最大，分布最广的一种。各地有许多栽培品种。浅根性，喜温暖湿润气候及深厚肥沃的土壤，在黏重、土层薄、积水、干瘠、当风的地方，生长不良；生长迅速。用移母竹、移竹鞭和种子繁殖。约3～8月开花，花后2个月果熟。但不常开花，花后全林陆续死亡。12月出冬笋，3～4月出春笋。

毛竹是我国竹材最好，用途最多，经济价值最大的优良竹种。秆粗壮端直，质坚韧，纤维长，纹理直，结构细，拉力强，富弹性，破篾性能好，供作建筑、家具、编织、工艺、造纸等用材。竹笋味美，可食用，竹箨可作雨具和包装。毛竹可选作水土保持、园林绿化造林竹种。

②桂竹（刚竹）

乔木状，高达22米，径7～16厘米。秆绿色光滑，秆环、箨环均隆起。竹箨厚纸质，被淡墨色斑点，疏生黄色粗毛或无。箨叶较小，橘红色，扭曲反垂；箨耳不发达。叶片下面被白粉，近茎部被疏毛。4～6月开花，5月出笋。分布于黄河流域以南，直至华南、西南等地。垂直分布达海拔800米。习性、用途与毛竹近似。耐寒性较强，能耐－18℃（耐低温，也耐盐碱，是我国南竹北移的优良竹种，适于黄河流域发展）。但竹材较脆，篾的韧性较差。有的竹秆为病菌侵染，现美丽的紫斑，特称"斑竹"、"湘妃竹"，专供作家具、工艺等用材。

③淡竹（古竹、筱竹）

乔木状，秆高10～18米，径5～9厘米。幼秆蓝绿色被白粉，无毛；秆环、箨环均隆起。秆箨无毛，被紫褐色斑点；无箨耳，箨舌紫色，箨叶带状，披针形，平直下垂。叶片背面近基部有毛。4月出笋。分布于黄河、长江流域，各地广为栽培，以山东、江苏、河南最多。习性、用途与桂竹相近。竹材优良，是破篾、编织用的优良竹种，也整条用于工、农具柄、晒杆等。笋味鲜美，可食用。有的竹秆为细菌侵染，现淡褐色斑点，故名"筱竹"，专供作家具、工艺等用材。

2. 青篱竹（茶秆竹）属

地下茎为复轴混生型，竹秆混生。秆节具1～3近于直立的分枝，分枝一侧无沟槽。秆箨宿存或脱落，箨叶小而窄长。小穗具小花一朵或多朵，小花有3雄蕊。约20多种。我国约11种。

青篱竹（茶秆竹、砂白竹、亚白竹），小乔木状，高达13米，径6厘米。

幼秆淡绿色，后被灰色或灰黑色蜡粉。秆箨迟落性，箨鞘背部密被棕色粗毛，内面平滑；箨叶细长披针形，基部与箨鞘顶部同宽，早落性；无箨耳。秆节通常分枝3，间有单分枝。叶的小横脉较明显。5～11月开花，3～4月出笋。分布于广东、广西、湖南，多在海拔200～300米的沟谷、丘陵、疏林中，以广东怀集县最多，各地也多有栽培。喜湿润肥沃和排水良好的沙壤土，抗寒力强，可耐–12℃低温。用带蔸埋秆或分株带鞭繁殖。

竹材坚韧富弹性，抗虫蛀，经细砂纸摩擦加工后，呈象牙色光泽，为我国著名的出口竹子，可供作建筑、家具、文体、围篱、工艺等用材。

3. 箣竹属

地下茎合轴丛生型。秆圆筒形，每节簇生多数分枝，分枝的茎部常宿存芽鳞及小箨鞘；主枝显著，有时硬化成刺；秆箨迟落，箨叶常直立，基部常与箨鞘顶部等宽，箨耳发达，箨叶常直立。叶较小，无小横脉。小穗轴在各花之间易于逐节折断，小花具6个雄蕊。约100种。我国约43种，主产华南。

①车筒竹（水勒竹、大勒竹）

乔木状，高达25米，径15厘米。秆壁厚，箨环被黑色刺毛，出枝习性低，主枝"之刀字形，近实心；小枝上有2～3硬刺；竹箨厚革质，背面基部有刺毛，箨耳大，近相等；箨叶直立，边缘内卷，被棕黑色斑点。5～6月出笋。分布华南、西南，多栽于溪河两岸、村庄附近。喜温暖气候及湿润肥沃土壤，适性广，生长迅速。用插枝、埋节、带蔸埋秆等方法繁殖。

竹秆高大，竹材厚硬、坚韧，可供作建筑、扁担、水车筒等用材。为优良围篱竹。笋味稍苦，处理后可食用。

②撑篙竹（油竹、白眉竹）

乔木状，高达15米，径6厘米。秆壁厚，幼秆被白粉和刺毛；基部数

车筒竹

节有黄白色纵条纹，节内及节下被白毛，出枝习性低，无刺；竹箨厚纸质，箨鞘背面被白色细毛，箨叶微有毛；箨耳大，不对称，下斜的一只常有皱纹。2~8月开花，5~8月出笋。分布华南，常见于溪河两岸、村庄附近。喜温暖气候及肥沃深厚、疏松的土壤，生长迅速。用插枝、埋节、带蔸埋干等方法繁殖。

竹秆通直，厚硬坚韧、耐力，常用作水上撑篙、扁担、抬扛、工农具柄、造纸等用材。也是优良的护堤岸、保水土、绿化用竹种。

③青皮竹（广宁竹、黄竹）

乔木，高达12米，径6厘米。秆直立，先端稍下垂，节间长，竹壁薄，幼秆被白粉和粗毛，出枝习性高，常在第五节以上，茎部数节无芽。竹箨初有柔毛，厚纸质，箨叶三角形，箨耳小，对称。5~10月出笋。分布于广东、广西、福建、云南、台湾等地，以广东、广西最多；湖南、河南也有大量栽培。适应性广，喜温暖湿润气候和肥沃疏松土壤，耐水湿，生长迅速。用带蔸埋秆、埋节、移母竹等方法繁殖。

秆壁薄，节环平，纹理直，质坚韧，拉力强，收缩小，是华南最好的篾用竹之一，供编织、制索缆、篾等用，每年有大量出口。也可选为四旁、园林绿化等竹种。青皮竹栽培日久，有7个变种，最习见的是黄竹，主要区别在：幼秆绿色，老则变黄。较耐干瘠。

4. 单竹属

地下茎为合轴丛生型。秆直立或蔓生，竹节多数分枝，枝纤细。箨环平，被一圈粗毛。竹箨脱落性，箨鞘顶端截平，较箨叶茎部宽2~3倍，箨叶外翻，箨耳窄长。叶无小横脉。小花肿胀，小穗轴在各花之间易折断；雄蕊6。有9种。我国7种，产华南、西南。

粉单竹（白粉单竹、单竹），乔木状，高达18米，径8厘米。秆直立，竹壁薄，节间长，可达50厘米以上，节间被明显白粉。箨鞘顶部宽截平，

粉单竹

基部密被柔毛，脱落性；箨叶卵状披针形，边缘内卷，向外翻出，易脱落。

分布于广东、广西、湖南，为我国特产，广栽于各地，常见于溪河边、村庄附近、庭园风景区。适性较广，喜温暖及肥沃疏松土壤，耐水湿，生长快。用埋干、埋节、移母竹、扦插次生枝等方法繁殖。竹秆适于编织、制索缆，但质较差于青皮竹、黄竹；最宜用于造纸。为良好的绿化竹种。

5. 慈竹（麻竹）属

乔木状，地下茎合轴丛生。秆先端弧状下垂，竹节的分枝少数，主枝较粗；箨鞘革质，脱落性，顶端圆或截平，背具刺毛；箨耳缺或不显著，箨叶狭小，直立或外翻。叶较大，常有小横脉；叶舌发达。小穗青铜色或棕紫色，小穗轴不易折断。世界有20种。我国10多种。笋味鲜美，是主要的食用竹类，如麻竹及大头曲竹等。

慈竹（甜慈、钓鱼慈），乔木状，秆高10米，径8厘米。秆丛生，顶梢弯垂如钓杆状，幼秆被灰白色或灰褐色刚毛，节间较长，竹壁较薄，分枝习性较高，枝下各节无芽；秆环平，茎部各节环上有白色绒毛带；竹箨背面密被棕黑色粗毛，箨叶先端尖，向外翻出，边缘粗糙内卷，背面被白色粗毛。分布于西南，广西、湖南、湖北、陕西南部也有栽培，以四川最多。喜温暖、湿润气候及肥沃疏松土壤；干瘠、当风的地方生长不良。用埋双竹节和移母竹繁殖。

竹材纤维韧，纹理直，是良好的篾用竹，用于编织、索缆、造纸等。笋味稍苦，处理后可食用。

知识点

佛焰苞

天南星科植物特有的佛焰花序中，肉穗花序被形似花冠的总苞片包裹，此苞片被称为"佛焰苞"。佛焰苞是因其形似庙里面供奉佛主的烛台而得名。而整个"佛焰花序"，恰似一支插着蜡烛的烛台。

天南星科植物花的构造以海芋为例：肉穗花序被佛焰苞包围，花单性，雌雄同花序，雄花在上，雌花在下，花后结红色浆果。海芋是多年生草本植物，在我国南部山野间极为常见，全株有毒，茎加工后入药，可健胃、消肿。

延伸阅读

资格最老的种子植物

银杏树的寿命，远不及非洲的龙血树，也比不上美洲的巨杉。但是，它却是现在生存树木中辈分最高、资格最老的老前辈。它在两亿年前的中生代就出现在地球上了。其他树木（种子植物）都比它晚。

银杏在古代广泛生存在欧亚大陆上，后来大冰川来了，大部分地区的银杏被冰川毁灭，成了化石，唯独我国还保存了一部分活的银杏树，绵延到现在，所以，都称它为活化石。

银杏是一种有特殊风格的树，叶子碧绿，像把折纸扇。它的枝叶含有抗虫毒素，能防虫蛀。银杏的种子，成熟时外种皮橙黄色，像杏子，所以叫银杏。它的中种皮色白而硬，也叫它白果。银杏的种仁是味道香美的干果，但多吃容易中毒。另外，种仁还可以药用，治痰喘咳嗽。现在，江苏的泰兴、泰州和苏州的洞庭山，浙江的诸暨，安徽的徽州等地，出产的白果最有名。

植物的分类学说

植物的分类是人们经过长期摸索，逐渐完善起来的，研究植物分类的初期，是由于当时条件的限制，常只根据植物个别的或部分的特征、习性进行分类。古希腊科学者亚里士多德和他的学生提奥夫拉斯特斯，将植物分为乔木、灌木、半灌木、草本，在每类中又分为常绿和落叶植物、野生和栽培植物、有花和无花植物。我国古代劳动人民对植物学更有研究，如明代本草学家李时珍，按植物性状和功能把 1892 种植物归为草、谷、菜、果、木五类，写成《本草纲目》。这是我国著名的本草学，曾被译成好几国文字外传。

1732～1737 年，瑞典自然学者林奈根据植物的生殖器官——雄蕊的数目及离合状况为基础，把当时已知的植物分为 24 纲（显花植物 23 纲，隐花植物 1 纲），在纲以下分为目、科、属、种等单位，便于检索识别。

这些著作对植物分类做出了应有的贡献，但不能反映植物的进化地位及亲缘关系，只以某些容易辨别的特征作为分类的依据，或就利用上的不同加以分类，只求其检索识别的便利，不考究植物体的基本构造和彼此之间的亲缘关系，这种分类方法，称为人为分类法。人为分类法常将亲缘关系极远的植物分在一个纲目之中，如林奈就将双子叶植物的伏牛花与单子叶植物泽泻放在同一纲中，因为它们都具有6个雄蕊。

植物分类发展的第二个时期，即林奈以后的时期，这个时期的最大变化是逐步由人为的分类方法发展到自然的分类方法。所谓自然的分类方法就是最接

李时珍

近进化理论，最能反映植物亲缘关系和系统发育的方法。这种分类方法是从形态学、解剖学、细胞学、遗传学、生物化学、生态学、古生物学等综合学科进行分类，特别依据最能反映亲缘关系和系统演化的主要性状进行分类。自然分类方法的发展是和达尔文的进化理论分不开的。1859年达尔文根据他亲身的考察和仔细的分析所获得的各种证据，总结了在他之前的一些学者有关生物进化的观点，创立了进化学说，发表了《物种起源》一书，有力地冲击了"神创论"和"不变论"。分类学开始从对种本身的描述，转到了重点描述能反映遗传进化关系的特征，并探讨建立植物界符合自然发展的进化谱系。

林奈以后已有许多学者提出了有显著进步的分类方法，其中具有代表性的有柏纳与裕苏的分类法，边沁与虎克的《植物志属》，其方法后来为恩格勒与柏兰特采用于《植物自然分科志》内。现代被子植物的主要分类系统有恩格勒分类系统（1897）、哈钦松系统（1926）、塔赫他间系统（1942）和克朗奎斯特系统（1958）。我国著名分类学家胡先骕也曾于1950年提出了一个被子植物的多元系统。这些系统虽然还只是个初步的，距离建立起一个较完备的自然进化系统相差很远，而且这些系统间还很多相反的理论和观点，但它们比起人为的分类系统显然是一个质的飞跃。由于植物界经历了几十亿年的发生发展史，许多种类已经绝灭，因此探讨一个符合自然发展的分类系统是非常困难的，这是一项长期的多学科的共同任务。

现只着重在被子植物部分介绍在我国较通用的两个自然分类系统：

恩格勒与勃兰特系统（1897—1909）

该系统的特点是：

1. 认为种子植物无花被是原始特征，因此无花被的木麻黄科、胡椒科、杨柳科、桦木科、山毛榉科、荨麻科等置于木兰科、毛茛科之前。

2. 认为单子叶植物比较原始，故它的排列位置在双子叶之前。

3. 目与科的范围较大。

哈钦松系统（1926—1934）

该系统的特点是：

1. 认为在有萼片和花瓣的植物中，如果它们的雄蕊和雌蕊在解剖上，是属于原始性状，总比无萼片和花瓣的植物在亲缘上是较为原始，并认为木麻黄科、杨柳科等无花被特征是属于废退现象。

2. 认为单子叶植物比较进化，故它的排列位置在双子叶植物之后。

3. 目和科的范围比较小。

4. 关于原始性状和进化性状的依据原则如下表：

多数人认为哈钦松系统较为合理，认为恩格勒的系统中忽视了木麻黄科、杨柳科等的雌蕊都是合生心皮的。根据心皮是变态叶的学说，合生心皮是进化的特征，不可能置于离心皮植物（木兰科等）之前。

我国北方的有关资料和标本室多采用恩格勒系统，南方则多采用哈钦松系统。

 **知识点**

花　瓣

　　花瓣能保护花的内部。有颜色，或有香气，一些花还具有显著的斑纹，或有蜜腺可以分泌蜜汁，产生含糖的花蜜，吸引昆虫。花瓣可以是分离的，或是合生的，合生的下部称为花冠筒，上部称为瓣片或称冠檐。

　　花瓣是花冠的一个组成部分。它是花被的内部组成部分，花被的内部一般分花瓣和花萼，但有些花的花瓣和花萼非常相似，这时它们就统称为花瓣了。典型的花的花瓣的颜色和形状非常鲜艳，它们环绕花的生殖器官。花瓣的数目往往是花的分类的一个标志：双子叶植物一般有四或五枚花瓣，而单子叶植物一般有三枚或三的倍数枚花瓣。

花瓣一般是一朵花最显眼的部分，花瓣的分布或整个花被的构局不是放射性的就是左右对称的。前者的花瓣的形状和大小基本相似，后者的花瓣的形状和大小可以很不一样。兰花的花瓣就是左右对称的。

延伸阅读

李世珍与本草纲目

我国明朝的李时珍（1518—1593），是世界上伟大的药学家。他的名著《本草纲目》，记载药物1892种，附方11 096则，先后被译成英、法、俄、德、日、拉丁等10余种文字，成为国际一致推崇和引用的主要药典。这部巨著不仅对医药，而且对生物、矿物和化学也做出了重要贡献。李时珍的学术见解是高超的，他的分类方法符合现代的科学原则。该书于1596年问世，比瑞典植物学家林奈的《自然系统》要早一个多世纪。

李时珍所以能取得如此巨大的成就，固然由于他总结了前人的成果，"搜罗百氏"，旁征博引，参考800余家；更主要的，还在于他忠心为百姓服务的精神。他认识到这项工作对百姓有利，因而用了近30年的时间，三次改写，才最后成书。在写作过程中，他不辞辛苦，深入实际，"访采四方"，先后到河南、江西、江苏、安徽等地，收集标本与药材。他治学态度严谨，一丝不苟。例如，为了证实前人所说"穿山甲诱蚁而食"，便亲自动手，解剖穿山甲，结论是："腹内脏腑俱全，而胃独大，常吐舌，诱蚁食之，曾剖其胃，约蚁升许也。"

《本草纲目》不仅是我国一部药物学巨著，也不愧是我国古代的百科全书。李时珍还指出，月球和地球一样，都是具有山河的天体，"窃谓月乃阴魂，其中婆娑者，山河之影尔"。正如李建元《进本草纲目疏》中指出："上自坟典、下至传奇，凡有相关，靡不收采，虽命医书，实该物理。"

植物的进化规律

> 植物在漫长的进化岁月中，不断地与外界环境条件作斗争，使植物的形态结构和生理功能也相应跟着发生变化，几经巨大而又极其复杂的过程，几经盛衰，由低级到高级，由简单到复杂，由无生命到有生命，才出现了今日形形色色的植物界。

低等植物类别

根据植物体的结构和进化，现代植物分类学，将植物分为低等植物和高等植物两大类。

低等植物包括细菌、藻类、真菌、地衣等植物。低等植物也叫叶状体植物，是地球上出现最早的一群古老植物。植物体无根、茎、叶的分化，也没有中柱，有单细胞的、群体的和多细胞的三种类型。有性繁殖器官很简单，大多数是单细胞构成。在营养方式上有自养和异养两大类型。自养植物含叶绿素，能进行光合作用；异养植物不含叶绿素，不能进行光合作用。

细菌

细菌又叫裂殖菌，是肉眼看不见的单细胞微生物。在显微镜下看到的细菌有三种主要形态：球状、杆状和螺旋状，根据这种形状，把细菌分为球菌、杆菌和螺旋菌三大类。在三大类之间，还存在着不明显的过渡形态，如弧菌。有时一种细菌，往往因环境不同或发育阶段不同，形态也有所改变，例如根瘤菌可以由杆状变为椭圆状，但一般来说，在一定的环境条件下都能保持着一定的形态。

细菌的体积很小，普通球菌直径约 0.5 微米，小的只有 0.15 微米，普通杆菌长约 0.7~1.5 微米，宽约 0.2~0.4 微米，最长的杆菌可以达 100 微米。许多杆菌和螺旋菌多具鞭毛，能够游动。

细菌的菌体无色透明，内部构造包括细菌壁和原生质，在电子显微镜下观察，无正常的细菌核。细菌的繁殖以直接分裂的方式进行，在最适宜的环境条件下，每 20~30 分钟即可分裂一次，根据计算：霍乱弧菌在 24 小时内，一个细菌可以繁殖 47×10^{20} 个，重量达 2000 吨，但实际上由于外界环境条件和养料缺乏、代谢产物的有害影响等，不能使细菌按几何级数繁殖下去。

有些杆菌在环境条件不适宜时，可产生孢子，孢子有很强的抵抗力，能适应不良的环境，当温度、养料及其他条件适宜时，孢子可以萌发，每个孢子可以产生一个细菌。孢子的形成与萌发不是一种繁殖作用，而是在于使细菌渡过不适合营养活动的时期。

绝大多数细菌是没有叶绿素的，不能进行光合作用，营寄生或腐生生活，是异养植物。但也有少数种类含细菌叶绿素，能进行光合作用，故为自养植物，如紫细菌。此外还有少数细菌虽不含叶绿素，但能氧化无机物，借氧化所放出的能量，制造养料，如硝化细菌、硫化细菌等。

细菌分布广泛，地球上几乎到处都有，在水中，土壤中，空气中，一切物体的表面，生活和死亡的动植物体内外，都可以发现细菌。

细菌在自然界中，对有机物的分解，起着重要的作用。它能把动物的尸体分解为无机物，使生物有机体中的元素重新以简单的状态回到自然界中，再次被高等绿色植物吸收利用。还有许多细菌常被人们所利用，例如根瘤菌和其他固氮菌能提高土壤肥力，可制造细菌肥料；在工业上制药、制醋、纤维脱胶、制乳酪等都常利用细菌。但细菌的有害方面不容忽视，不少细菌能使人和动植物致病，或使蔬菜、水果、肉类腐败。不过随着人类对细菌活动规律认识的不断加深，不仅可以控制它的危害，而且能利用其有利的方面更好地为社会主义建设服务。

藻类植物

藻类植物有 2 万多种，是一群极古老的植物。大多数水生，植物体漂浮水

中（浮生）或以其一部分附着在水底的基质上（附生）。陆生藻类则分布于阴湿土壤、树皮和峭壁处。

藻类植物体有单细胞的，群体的和多细胞的，有的在显微镜下才能看见；有的长达几十米甚至200～300米。藻类的细胞含有叶绿素，为自养植物，除叶绿素外，还含有藻黄素、藻褐素、藻红素或藻蓝素，因而显示出不同的颜色。藻类植物的繁殖方式，包括营养繁殖、无性繁殖和有性繁殖。

根据藻类植物的色素，营养体及其细胞的形态、构造、繁殖方式，可分为蓝藻、绿藻、硅藻、褐藻和红藻等五纲。现将蓝藻纲和绿藻纲介绍如下：

蓝藻纲，是最简单的绿色植物，植物体是单细胞的，也有群体的。细胞构造简单，细胞质和细胞核无明显的分化，细胞中央无色部分称为中央体，含类似细胞核的物质；中央体周围的原生质，散布着叶绿素和藻蓝素，有的还含有藻红素，故常呈蓝绿色或红色。细胞壁的主要成分是果胶质，且掺有纤维素和半纤维素，壁的外部常吸水膨胀成胶质鞘，使植物体胶黏，故蓝藻有黏藻之称。常见的蓝藻如念珠藻，在春雨之后吸水膨胀，形如木耳，但在显微镜下观察，植物体是卷曲的丝状体，细胞圆形如念珠。本纲无有性繁殖，主要是无性细胞的分裂繁殖。

绿藻纲，主要特征是绿色，因为色素中所含的叶绿素多于叶黄素和胡萝卜素，其比例与高等植物完全相同。植物体有单细胞的、群体的和多细胞的。细胞壁主要由纤维素组成。细胞中明显分化为细胞质、细胞核和色素体等，并含有大型的液泡。光合作用的产物是淀粉，色素体中含有淀粉核。

绿藻的繁殖有营养繁殖、无性繁殖和有性繁殖。能游动细胞都具有3或4根等长的鞭毛。多数绿藻生活在淡水中。常见的绿藻有衣藻、小球藻和水绵等。

衣藻是单细胞构造最简单的类型，细胞呈卵形，细胞前端有两根鞭毛，前侧有一个红色眼点，为感光机构。生活在水沟和水洼中；在积水较多的粪池中往往成纯群，使水呈深绿色。

小球藻也是单细胞的，常呈球形，直径3～10微米，生活在池塘、沟渠、沼泽以及溪流中；有时在水槽和水缸里也可生长，繁殖旺盛时期，可使水色变绿。

水绵是丝状体，浮在淡水池塘，沟渠或溪流中，是极普遍的绿藻。

藻类植物在自然界中有助于岩石的风化，也能分解岩石，使石灰岩中的大量碳素回到自然界中去，因而促进碳素的循环。很多藻类能分泌胶质，黏合沙土改良土壤，还有些藻类生长在土壤中，能增加土壤的有机物、并可促进固氮细菌的发育。某些蓝藻、绿藻和硅藻，参与腐殖质淤泥的形成，这种淤泥可作为农业上的肥料；也可直接利用藻类作农田肥料；有些藻类还可作为工业和医药上的原料，例如从海带中提取碘和钾；石花

小球藻

菜可制琼脂，琼脂是培养微生物的培养基，并可作糖果的填充物。

藻类也可食用，如念珠藻、海带、鹿角菜、紫菜等；有的可作饲料，如小球藻、栅列藻等。

真菌

真菌的种类很多，生活在土壤、空气、水中以及动植物体上。

真菌比细菌大，细胞结构比较完整，有明显的细胞核，但无叶绿体，除少数单细胞的种类外，大多数真菌的躯体是由一些丝状的菌丝所组成，叫作菌丝体。有些真菌的菌丝没有横隔壁，整个菌丝体就好像一个多核的单细胞。有些真菌的菌丝具有横隔壁，所以菌丝体为多细胞。每个细胞中有一个或两个细胞核。

真菌都为异养植物，它们的营养方式是寄生或腐生。有些真菌与高等植物的根共生，形成菌根；还有些和藻类共生而组成地衣。真菌的繁殖方式多种多样，无性繁殖极为发达，水生的真菌产生无细胞壁而裸露的游动孢子，陆生的真菌则产生有细胞壁而借空气传播的孢子。有性生殖各式各样，比较复杂。

真菌通常分四纲（或三纲一类）：藻菌纲、子囊菌纲、担子菌纲和半知菌纲（类）。

藻菌纲

藻菌纲为真菌中最小的一群，约1500种，水生或陆生。最低等的为一团裸露的原生质或单细胞，如发育为菌丝体，则属于无隔多核类型。孢子生于孢

子囊内或外生孢子梗上。

本纲最常见的为黑根霉，生活在面包、腐烂的果实、蔬菜及其他食物上，这些物体上成层的白色绒毛，就是它的菌丝体。其菌丝体分三种：一种是穿入食物的假根，分枝很多，能吸收养料；一种是水平方向伸长的菌丝，蔓延在食物上，叫匍匐枝，另一种是直立在食物上，叫孢子囊梗。黑根霉繁殖时，在直立菌丝的顶端产生孢子囊，囊内产生孢子，成熟后孢子囊壁破裂，孢子散出萌发，直接发育成新个体。

子囊菌纲

为真菌中最多的一纲，现已知的种类约有 42 000 种，都是陆生。最重要的特征在有性过程中形成子囊，产生子囊孢子。子囊菌除酵母菌是单细胞外，都有发达的菌丝体，菌丝分枝，有横隔壁，夹生在子囊之间，分化为不产生孢子的隔丝，隔丝与子囊排列一层，叫子实层。

子囊菌的无性繁殖，是在分生孢子梗顶端产生分生孢子传播菌体。分生孢子在一个生长季节里往往可以发生若干代。日常见到的子囊菌有青霉，它生长在腐烂的水果、蔬菜、肉类上呈蓝绿色，这就是分生孢子的颜色。青霉能分泌一种抗生素，叫青霉素，在医疗上使用很广。本纲的一些菌类可引起植物病害，如杨树腐烂病及梨黑星病等。

担子菌纲

担子菌纲为真菌中最高等的，种类较多，约 25 000 种，分布很广。常腐生于朽木、败叶、垃圾上面，也有穿生于动植物及人体中的。它的菌丝体为分枝的多细胞，子实体显著，具有特殊的形状：如伞状（蘑菇）、片状（木耳）、球状（马勃）等。担子菌最重要的特征，是在子实体中产生一种棒状的菌丝叫担子，担子上生长 4 个孢子，叫担孢子。

现以蘑菇为例叙述如下：

蘑菇的菌体是由菌丝体和子实体两部分构成。菌丝体是营养器官，生长于土壤或其他物体内；子实体是生殖器官，在土壤或其他物体之外，通常称的蘑菇就是子实体。

蘑菇的子实体，形状像伞，分菌盖、菌柄。菌盖下面有辐射状的薄片叫菌褶，菌褶表面有排列整齐的子实层，由隔丝细胞及担孢子相间组成。通常一个担子产生 4 个担孢子，孢子的颜色和形态因种类而异。褶内为疏松的菌髓。

本纲常引起植物病害的有：根紫纹病、杨树锈病、立木腐朽病等。

半知菌纲

半知菌纲现已知道的约有 25 000 种，其中许多种类，与高等植物的根共生，形成菌根。

蘑 菇

半知菌的菌丝发达而且有分隔，只有无性繁殖产生分生孢子，尚未发现有性孢子，所以不能确定其分类学上的位置，为方便起见另列一纲（类）。半知菌有许多是植物的病原菌，如杨树褐斑病、柿角斑病、稻瘟病等。

真菌在自然界的作用很大，很多腐生真菌可使有机物分解成为无机物，或与高等植物的根共生形成菌根，有利于高等植物的生长；还有很多真菌可以食用，如蘑菇、木耳、银耳等，它们不但美味可口，而且含有丰富的营养物质。又如酵母菌含有丰富的维生素 B，可用于酿造和食品工业发酵、制造酒精、糕点、面包、馒头等；曲霉也用于酿酒、酿造酱油，灵芝、茯苓、马勃等都可供药用。从水稻恶苗病菌中提出的赤霉素，能促进植物生长，对植物的开花，打破休眠、促进种子萌发等方面都有作用。

地衣

地衣为植物界中一类特殊的植物，约 15 000 种。地衣的叶状体，由藻类和真菌共生组成。组成地衣的真菌多为子囊菌，少数为担子菌；组成地衣的藻类，则为单细胞的绿藻和蓝藻。菌类吸收水分和无机盐类供藻类使用，藻类制造的有机物为菌类所需，彼此互利。

根据地衣叶状体的形态可分为三种类型：

1. 壳状地衣

叶状体成壳状，色泽深浅不同，紧贴在基质上，不易取下。这类地衣适应力强，种类也多，约占地衣的 80% 左右，如文字衣属。

2. 叶状地衣

叶状体呈薄片状的扁平体，其下面菌丝固定在基质上似假根，叶状体边缘

有叉状分裂的裂片。裂片常直立在基质上，易取下。如梅花衣、石耳等。

3. 枝状地衣

叶状体呈丝状或枝状分枝，有的直立成丛，如石蕊属，有的缠绕着树枝生长，下垂如丝状，如松萝属。

地衣生活在裸露的岩石上，能腐蚀、溶解岩石，在土壤形成过程中起着重大作用。某些地衣在其菌丝的细胞壁里含有色素，如海石蕊和红粉衣等，可提取色素用于毛织物的染色或作化学指示剂。石耳可供食用，松萝、石蕊、冰岛衣等为药用植物，有的可作饲料。

 知识点

叶绿素

叶绿素是植物进行光合作用的主要色素，是一类含脂的色素家族，位于类囊体膜。叶绿素吸收大部分的红光和紫光但反射绿光，所以叶绿素呈现绿色，它在光合作用的光吸收中起核心作用。叶绿素有造血、提供维生素、解毒、抗病等多种用途。

光合作用是指绿色植物通过叶绿体，利用光能，把二氧化碳和水转化成储存着能量的有机物，并且释放出氧的过程。光合作用的第一步是光能被叶绿素吸收并将叶绿素离子化。产生的化学能被暂时储存在三磷酸腺苷中，并最终将二氧化碳和水转化为碳水化合物和氧气。

叶绿素分为叶绿素a、叶绿素b、叶绿素c、叶绿素d、叶绿素f、原叶绿素和细菌叶绿素等。

 延伸阅读

花的颜色是怎样产生的

花有各种各样的颜色，红色的、紫色的、蓝色的、白色的、黄色的花，五彩缤纷，惹人喜爱。那么美丽的颜色是怎样产生的呢？

原来在花瓣细胞里存在各种色素，主要为三大类。一类是类胡萝卜素，包括红色、橙色及黄色素在内的许多色素；第二类叫类黄酮素，是使花瓣呈浅黄色至深黄色的色素；第三类叫花青素，花的橙色、粉红、红色、紫色、蓝色都是由花青素引起的。

通过对被子植物花色的调查，人们发现花瓣呈白色和黄色的最多。那么白色的花是怎么回事呢？花呈现白色，是因为花瓣细胞里不含什么色素，而是充满了小气泡。把里面的小气泡挤掉，它就成为无色透明的了。有些植物开黄花，那是因为花瓣细胞的叶绿体里，含有大量的叶黄素。

有一种奇怪的黑蔷薇花瓣呈黑色，但提取不出黑色素，原来是花青素和花青苷的红色、蓝色及紫色混在一起，使颜色加深时形成的一种近似黑色的色泽。植物形成色素必须消耗原料和能量，解剖可看到色素仅分布于花瓣的上表皮中，花瓣内部是无色的，这说明植物以消耗最少的能量和材料达到了最佳的效果。

植物表现出美丽的色彩，除植物体内部具备产生色彩的内部条件外，环境条件如温度、光照、水分、细胞内的酸碱条件等都影响色素的表现。

就温度而言，不同植物的花朵，所适应的温度范围不同。喜温植物开花，在温度偏高时期，花朵色彩艳丽。如生性喜欢高温的荷花，炎热季节开放，花朵鲜艳夺目。绝大部分植物和一些喜低温植物，在花期内遇偏高气温，花的颜色常常不太鲜艳。如春季开花的金鱼草、三色堇、月季等，当花期遇30℃以上高温时，不仅花量少且色彩暗淡。如果植物在开花时气温过低，不仅花色不鲜，且会间有杂色。

光照对花色的影响：多数植物喜欢在阳光下开放，缺少阳光，不仅花色差甚至开花也困难。大多数花随着开放时间的变化，花色有所改变，一般黄色的花在花谢时变为黄白色。随着接受日光照射时间的长短，花的颜色深浅也可引起变化。留心观察一下棉花的花，刚开放的花是乳黄色的，后来变成了红色，最后变成了紫色，因此在一棵棉株上，常常同时开放着几种不同颜色的花，这便是由于阳光照射和气温的变化，影响到花瓣细胞内的酸碱性发生变化，最终引起色素颜色的改变。

因此花的酸碱度改变，也导致花色的改变。你认得牵牛花吧，它的花朵像喇叭，颜色挺多，有红的、紫的、蓝的、粉白的。如果你把一朵红色的牵牛花泡在肥皂水里，这朵红花顿时会变成蓝花，再把这朵蓝花泡到稀盐酸的溶液

里，它又变成了红花了！

水分也影响花色。花朵中含适量的水，才能显示美丽的色彩。而且维持得也较为长久。缺水时，花色常变深，如蔷薇科的花朵缺水时，淡红色花瓣会变成深红色。

高等植物类别

高等植物是由原始的低等植物经过长期演化而来的，是长期对陆生生活适应的结果。因此，高等植物无论在体形结构上和生理特性上，都较低等植物复杂，一般都有根、茎、叶的分化，且有中柱。高等植物包括苔藓、蕨类、裸子植物和被子植物。

高等植物在发育周期中，有两个不同的世代：一个是无性世代，它的植物体称孢子体，孢子体能产生孢子进行无性繁殖。由孢子发育成的植物体，称配子体。配子体产生精子和卵细胞进行有性繁殖，精子和卵细胞结合成合子，合子再发育成为孢子体，这个过程称有性世代。这种无性世代以后是有性世代，有性世代以后是无性世代的相互交替的现象，叫作世代交替。

世代交替在高等植物中的表现各不相同。在苔藓植物中配子体占绝对优势，孢子体以寄生状态存在，依靠着配子体供给它所需的养料。在蕨类植物中孢子体状比较发达，配子体则退化为原叶体，但仍能独立生活。

裸子植物和被子植物的孢子体则更发达，而配子体则更加退化，寄附在孢子体上。这是由于长期陆生生活适应的结果，因此，孢子体趋向不断的发展，而配子体由于得不到水的条件就逐渐趋于退化，最后则寄生于孢子体上。越是高等的陆生植物，它的孢子体越发达，而配子体则越退化，这就是植物界由低级向高级发展的一个重要标志。

苔藓植物

苔藓植物是构造最简单的高等植物，它们是刚脱离水生环境进入陆地生活的类型，一般生活在阴湿的地区，植株很矮小，最大的也只有数十厘米。较简单的类型与藻类相似，成扁平的叶状体，较高级的类型有假根和类似茎、叶的分化。假根由单个细胞或一列细胞组成，吸收作用微弱；类似茎、叶的部分，多是由薄壁细胞组成，无维管束结构，特称为叶状体或茎状体。

尽管苔藓植物没有根和中柱的分化，但有性繁殖器官是多细胞的，所以苔藓植物属于高等植物。苔藓植物的种类很多，我国有 20 000 多种，可分为苔纲和藓纲。

苔纲

苔纲植物大多数成叶片状，叫叶状体。叶状体只由 1~2 层细胞所构成，中肋一般不明显，匍匐生长，有背腹之分。本纲最常见的植物有地钱等。

地钱常生在阴湿的地方。叶状体深绿色，叉状分裂，雌雄异株，雌株上长雌托，雌托产生颈卵器；雄株上长雄托，雄托顶部陷生有多数精器。颈卵和精器都是生殖器官，可以进行有性生殖。

地钱雌雄配子体的上表面，有时出现杯状构造，叫作孢芽杯，杯内产生许多粒状的孢芽，孢芽落地萌发，也可生长为新的地钱。

地　钱

藓纲

藓纲的植物体通常直立，多有类似茎、叶的分化，叶状体内的中肋较明显。藓纲最常见的有葫芦藓。

葫芦藓分布很广，习见于潮湿而有机质丰富的土壤上，在农田、苗圃、阴湿的墙脚，森林采伐迹地和火烧迹地都能形成大片群落。其配子体绿色，有茎和叶的分化，茎的顶端有生长点，由此分生枝叶；叶有中肋，茎基有多数假根。假根仅有微小的吸水作用，主要是固着植物体。由于茎柔叶薄，没有输导组织，所以长不高，且需要阴湿的生活条件。

葫芦藓雌雄同株，但精子器和颈卵器分别长在不同的枝顶。产生精子器的枝顶，叶形较小，向外张开，形如一朵小花；精子器内产生带两根鞭毛的精子。产生颈卵器的枝顶，叶紧包如芽，其中含有几个颈卵器。初春，精子借雨

水流入颈卵器内，与卵细胞受精形成合子，合子经过细胞分裂，逐渐形成胚体，胚体又分化为孢蒴、蒴柄和基足三部分。孢蒴内产生孢子，成熟后孢子散出，萌发为多细胞的绿色丝状体——原丝体。原丝体经过发育，逐渐形成固定的生长点，而后发生新叶，形成新的植物体。

苔藓植物在森林中常繁茂生长，构成厚密的覆盖物，或攀枝附叶形成独特生境，在保持水土方面起着良好的作用。生长在岩石上和干燥地方的苔藓，对土壤的形成起到很大的作用，并为其他植物开拓生活领域创造了良好的条件。

水藓在沼泽地上能形成紧密的地毯，死亡之后由于氧气缺乏，因而不能完全分解，年代久远，便形成泥炭。泥炭可作为燃料、肥料、厩舍垫底物。地钱、泥炭藓等多种苔藓也可入药治病。

蕨类植物

蕨类植物喜欢生长在温暖湿润的环境里。常见于树干、湿地上，也有浮生水中。现在生长最繁茂的地区是热带和亚热带。

蕨类植物的孢子体大而明显，有根、茎、叶的分化并出现了维管束，因而有高大的"树蕨"。配子体（特称为原叶体）通常很小，不显著，但能独立生活。也具有颈卵器和精子器，但游动精子必须在有水的情况下，才能进行受精作用，这就限制了蕨类植物进一步在陆地上的发展。

蕨类植物有颈卵器和游动精子，受精时要有水，不产生种子，这些性状与苔藓植物相似；但维管束的出现，又与种子植物相似，因而可认为蕨类植物是介于苔藓和种子植物之间的类型。

蕨类植物约有 11 500 种；我国有 2000 种左右，以西南分布最多。

蕨类植物共分五纲：裸蕨纲、石松纲、水韭纲、木贼纲和真蕨纲。现介绍其中三个纲。

（1）石松纲，草本植物，有扁茎，其上生出直立的分枝。叶多呈鳞片状，密生在茎上，茎的顶端常生有由变态叶组成的孢子叶球，这种变态叶叫孢子叶，其上产生孢子囊，囊内产生孢子。

本纲常见的植物有卷柏和石松。石松为多年生常绿草本植物，是我国酸性土壤的指示植物。

（2）木贼纲，草本植物，有横行的地下茎，和直立的地上茎。地上茎不分枝或轮状分枝，中空有节，表面有纵行沟纹，绿色，能进行光合作用。叶退

木 贼

化成鳞片状，细小，轮生在节上，基部连合成鞘。孢子叶球生长于茎的顶端。本纲常见的有木贼、问荆、节节草。

（3）真蕨纲，蕨类植物中最大的一纲，种类很多，分布广泛。植物体有根、茎、叶的区别，但大多数为地下茎，输导组织比较发达。叶大，常为羽状分裂，幼叶顶端呈蜗牛状卷曲；孢子囊聚成孢子囊群，散生在叶的背面边缘上。本纲常见的蕨有铁芒萁、蜈蚣草等。

蕨类植物的经济价值较大。在石炭纪时代，生长最繁盛，常形成巨大的沼泽森林，有些种类高达 30 米以上，后来由于地壳的变迁，这些蕨类被埋藏在地壳深处，经过很长的年代，就渐渐形成为现在的主要煤层。工业方面，石松的孢子用于铸模翻砂，能使产品外表光滑，提高质量，此外，也常用于信号、照明等。

很多蕨类植物可供食用，如蕨的嫩叶和根状茎含有多量的淀粉，可制成蕨粉。有些蕨类植物可供药用，如贯众的根茎能驱虫、止血，问荆全草可利尿、止血、治气喘等。槐叶苹满江红可作鱼、家畜的饲料或绿肥。

有的蕨类植物要求一定的温度和湿度，只生长在一定的土壤上，因而起到了明显的指示作用。如生长鞭叶铁线蕨的地方，则为石灰岩和钙质土，生长铁芒萁的地方气候暖和并为酸性土壤。因此，研究蕨类植物，在生产实践上有一定的意义。

裸子植物

裸子植物和被子植物都能产生种子，并用种子繁殖，合称种子植物。蕨类、苔藓、藻类及菌类植物不产生种子，而以孢子繁殖，所以都叫孢子植物。

裸子植物没有真正的花，它的生殖器官是球花。球花单性，无花被，雄球花由许多鳞片（小孢子叶）着生在中轴上而成，每一鳞片的背面着生花粉囊，

囊内产生花粉；雌球花也由许多鳞片着生在中轴上而成，每一鳞片的腹面着生胚珠，这种鳞片叫珠鳞，也就是大孢子叶。雌球花经传粉受精后，可发育成球果，球果上的木质鳞片，是由珠鳞发育而来的，叫种鳞，每个种鳞的腹面具有由胚珠发育而成的种子，种子是裸露的。

裸子植物发生于古代上泥盆纪，在石炭纪，二叠纪发展最盛，至中生代三叠纪逐渐衰退，新生的种类不断演变产生，古老的陆续灭种。种类演替，繁衍至今，多是高大的乔木。现代的一部分煤层是由古生代和中生代的裸子植物遗体形成的。

裸子植物在世界上广泛分布，在亚热带高山地区、温带至寒带地区，常组成广大的森林。我国裸子植物的分布地域也极广，如西南地区的云杉林，东北地区的红松林、落叶松林、长江流域以南的马尾松林等。

被子植物

被子植物在植物界的进化中，已经达到最高的阶段。如根、茎、叶的各种组织分化较完善，木质部有导管和管胞，韧皮部有筛管和伴胞。被子植物最显著的特征，就是有特殊的生殖器官——花。花中的雌蕊由一至几个心皮组成，胚珠着生在子房内。经传粉受精后，子房发育为果实，胚珠发育为种子，种子被果皮包围，所以叫被子植物。

最早的被子植物化石发现于中生代侏罗纪，至白垩纪末期及第三纪，开始茂盛，经演化发展，成为现代地球上最占优势、种类最多的植物类群，共约25万种，下分双子叶植物和单子叶植物两大纲。

知识点

颈卵器

植物的雌性生殖器官，是产生卵细胞、受精及原胚发育的场所。外形似烧瓶，上部细狭的部分称为颈部，下部膨大的部分称为腹部。由多细胞构成。除构成壁的细胞外，在颈部中央有一列颈沟细胞存在，在腹部含有一卵，并且在卵细胞与颈沟细胞之间有一腹沟细胞存在。卵成熟时，颈口开裂，

颈沟细胞和腹沟细胞解体。精子借助于水游至颈卵器，经颈口穿入，与卵结合。受精卵在腹部继续分裂，发育成胚。因植物种类不同，颈卵器构造的繁简亦有差异。裸子植物的颈卵器比较退化，结构简单，无颈沟细胞存在。

延伸阅读

世界上最贵重的树

紫柚木有很多种的叫法：紫檀木、胭脂树、血树，被誉为"万木王"。在缅甸、印尼被称为"国宝"。它是一种落叶的阔叶乔木。柚木从生长到成材最少经50年，生长期缓慢，其密度及硬度较高，不易磨损。含有极重的油质，这种油质会使之保持不变形，有一种特别的香味，能驱蛇、虫、鼠、蚁，防蛆。更神奇的是它的刨光面颜色经过光合作用氧化而成金黄色，且颜色随时间延长而更加美丽。

紫柚木的原产地在东南亚的一些国家，如缅甸、印尼、老挝、越南、泰国等，我国在靠近云南、广西边境的地方也有一些，其中以越南广西边交界品种最佳。虽然在非洲及美洲也有柚木，但因为种植地区气候过于湿热，树木的生长系数快，树龄10年就能成材，油质相对的就下降很多，已失去柚木油质量丰富的特性，材质干燥易裂。

因柚木质地坚硬、纹理美观、不易断裂、不怕酸、也不怕会被白蚁蛀蚀，是制造高级家具的好材料，也是红木家具、木雕、根雕、高级工艺品和贴面板的良材。所以木材以千克论价，非常金贵。

植物种子传播的秘密

植物为了传种接代，在数亿年漫长的生长过程中，各自练就了一套传播种子的过硬本领。植物的果实种子成熟后，有的自然落在母株周围萌芽生长；有些却远走高飞，做远程旅行，以扩大其种族领域。但它们既没有能够奔跑的腿

脚，又没有像鸟类飞行的翅膀，何以会做远程的"旅行"呢？这就要看植物种子传播的秘密。

植物也是按着"适者生存"的自然法则来生存和发展的，它们具有适应远程旅行的不同形态和结构。植物的种子越轻越好，这可以使它们在移动相当大的距离时不受阻碍。减少含水量是种子减轻体重的一个好办法。难道种子中水分很少仅仅是为了"迁移"吗？并不尽然。种子减少水分是为了使胚更容易忍耐高温和低温。在烈日曝晒下，没有水分蒸发，就不会改变种子的成分；在寒风侵袭中，没有水分就不会引起种子内的冰冻，就不能破坏活质。种子含水量是植物含水量的1/10，水分不足会停止种子内的生命过程，所以植物的种子和孢子是忍耐不利季节的一种特殊适应。

但是，这里必然要发生疑问：种子究竟是一种什么样的生命状态呢？是类似于动物蛰眠时的生命过程减缓呢？还是生命过程完全停止呢？或者是在种子中完全没有生命了呢？这个问题使植物学家发生了很大兴趣，他们进行了大量试验来研究这个问题。

有人说，种子中没有生命了，生命完全消失。理由是在种子中没有支配生命的外界因素与内在因素的相互作用。是啊，如果种子中的生命真的停止了，那么种子中就不应该有任何生命过程，而首先是不应该有呼吸，因为呼吸是生命的最明显的表现。那么，我们将种子放在不可能呼吸的条件下，它的生命（如果存在的话）就会在这种条件下停止，这样的种子再遇到合适的条件也决不会发芽；若是这样的种子还会发芽，就证明种子全部生命过程停止了，但种子还没有死，虽然它的生命停止过，但以后又恢复了。19世纪末和20世纪初的许多研究者都是按这个想法进行实验的。

有人把种子长期放在不利于呼吸的气体中，甚至浸在汞中1~3个月，使它停止呼吸过程。可是这种种子还有发芽的可能。有些科学家给种子更坏的条件，对种子施以低温，或者既施低温又不给空气。但是尽管他们施用了19世纪末所能达到的最低温度（-200℃），并且长时间作用达4天，种子也毫不受碍，仍旧自由发芽。

所有这些试验，都让人相信，种子里没有缓慢的生命，它里面的生命完全消失了。他们还用在当时一些古墓中的种子能够出苗的例子证明这个看法。如古埃及国王坟墓中放置的2000年以上的小麦种子也发了芽。从罗马坟墓中挖掘出来的天芥菜属、苜蓿属、矢车菊属种子，已经躺在那里达1000年以上，但还保持着发芽力。

可是另外两个科学家的试验却和他们的结论相反，他们把植物种子分别放在焊好的有空气的容器和一个同样的但是有二氧化碳的容器中。经过两年之后，再分析容器内所含的气体。这时发现，在第一个容器内氧含量减少了，但生出了二氧化碳；第二个容器内种子却都死亡了，不能发出芽来。这个试验证明：种子能进行呼吸。有呼吸条件时，种子就会活下去，没有呼吸条件（如在第二个容器中）种子就死去。因此，种子内的生命还是存在着，仅仅是进行速度非常缓慢罢了。日常的种子发芽率试验也能证明这个道理。农民都很清楚，陈旧的种子发芽不良，即使能发芽，发芽率也不高。这说明种子在存放中，由于呼吸，已失去了部分贮藏物质。

种子里的生命没有中断，只是减低了生命进程的速度。我们看到的种子仅仅是暂时性的生命抑制，而不是生命的停止，生命处于隐蔽状态。在植物界里，在孢子、鳞茎、块茎和其他繁殖器官中，都有各种类型和不同程度的隐蔽生命。

那么，不给种子呼吸的条件，种子的生命依然没有中断，这怎样解释呢？那是因为试验人员还不知道，种子虽然处在没有空气的空间里（或处在不适于呼吸的蒸汽或气体中，不能接触空气），但却依然能够从自己的贮藏物质——淀粉和脂肪中得到氧。它们能进行分子内的呼吸。这种生命进程十分缓慢、微弱和隐蔽。

至于古墓中的种子能发芽，是因为这些种子非常干燥，它们进入墓中又巧遇适宜的条件，保存着干燥状态，所以它内部还有一部分极顽强的生命在隐蔽着。

种子越干燥，呼吸也就进行得越弱，含水 11% 的豌豆种子在 4 年过程中仅仅排出了微量的二氧化碳。长寿的种子，里面也依然进行着微弱而缓慢的变化和蛋白质分子的改变。

植物种子在漫长岁月里保持不坏的同时，它们还能够巧妙地利用自身或自然优势进行传播。

有一种热带地区的沼泽草木樨，是名副其实的"炮兵"植物，其果实成熟时骤然裂开，声响如炮，同时射出种子，有效射程达 15 米。有一种喷瓜，果形与黄瓜相似，因为它具有疯狂的袭击能力，所以又叫它"疯黄瓜"。其果实成熟时就变成黏性液体，给果皮以巨大的压力，一旦遇到外力碰撞或果熟脱落时，果皮就突然开裂，黏液和种子一齐喷出，射程可达 6 米。

蒲公英、一品红等，它们的果实又轻又小，头顶长着许多毛，只要一阵轻风吹拂，就可腾空而起，展翅翱翔。而像柳树等植物，则借种子上许多细毛的浮力飘舞于空中，一到三四月间春风送暖之际，大街小巷便到处纷纷扬扬，飘下许多的柳絮"伞兵"。还有松树、榆树、臭椿树等的种子，则以它们特有的翅膀，乘风展翅高飞，远航至异乡落户。

　　伴鸟飞天的种子非常多，如稗草、榕树、桑寄生等都是。它们的种子都有很坚硬的种皮保护着，并分泌出许多黏液附着在种皮上，一旦飞鸟啄吃这些种子后，种子就滑进了鸟的腹肚中，就像乘坐飞机一样，旅行到很远很远的地方去。随着鸟粪的落地，它们的旅行才告结束。还有许多像莲等植物的种子，是靠在水中流动，随波逐流的方法传播种子，繁殖后代的。此外，还有许多植物的种子上面生有不少的钩、刺等，借此来搭乘在其他物体上进行传播。如苍耳把它种子上的钩刺钩挂在动物的毛皮或人的衣物上，借以远距离地散布种子。鬼针草的弟兄们则是以果顶上的倒生刺毛，倒挂在衣物上来传播的。所以，不管人或动物，只要掠过它们的旁边，它们就会用毛、刺、钩、针等特有的旅行搭乘器，钩刺在过路者的毛发或衣物上，作免费旅行。

　　各种外形美丽，味道香甜的水果，如桃、梨、苹果、葡萄等，也有各种鸟兽自愿为它们担当传播种子的任务。这些水果虽然牺牲了甜美的果肉，却达到了传播种子的目的。人类的运输活动和吃果后随地乱抛种子等，实际上也都帮助了种子的传播。

知识点

发芽率

　　发芽率指测试种子发芽数占测试种子总数的百分比。如100粒测试种子有95粒发芽，则发芽率为95%。现实生活中种子发芽率是衡量种子质量好坏的重要指标。它不是简单的数学问题，它涉及统计和概率。例如说商店中所售种子发芽率大于95%，并不是说100颗种子一定发芽多于95颗种子！这里所谓的发芽率大于95%，是指用大量种子做大量实验时，发芽的种子占总种子的百分比。

> 影响种子发芽率的因素包括种子的完好性及种子胚的活性等，也包括外部条件的光照、水分、温度、湿度等。

 延伸阅读

水果的香味是怎么来的

水果因其具有绚丽的色泽、诱人的香气和甜酸可口的风味而备受人们的厚爱。那么，水果的色香味是怎么来的呢？

果实成熟后颜色的变化，是由各种色素决定的，它们主要有叶绿素、类胡萝卜素、花青素以及类黄酮素等。叶绿素经常处于破坏和重新形成的动态变化中。果实幼嫩时，叶绿素含量大，果实呈绿色；果实成熟后，叶绿素被逐渐破坏丧失绿色，而此时类胡萝卜素含量大，使果实呈黄色，或是由于花青素的形成而使果实呈红色。柑橘类果实的颜色是由于细胞中含有胡萝卜素和叶黄素；西红柿含有番茄红素；菠萝和番木瓜的颜色是由于细胞中含有叶黄素的缘故。

花青素存在于细胞质和细胞液中，随细胞液酸碱度的变化而呈不同的颜色。当细胞液为酸性时，呈红色；碱性时，呈蓝色；中性时则呈淡紫色。这样，便使果实呈现出各种不同的颜色。

光照对果实的上色也有影响。紫外光对上色有利，但紫外光常被尘埃、小水滴吸收。所以，雨后空气中尘埃少，有利于上色；海拔高、云雾少的地区果实上色也好。

幼嫩的水果通常是不具备香气的，随着果实的发育成熟，一些物质（主要是氨基酸和脂肪酸）在酶的作用下发生急剧变化，从而生成醇、醛、酮、酸、脂、酚、醚及萜烯类化合物等微量挥发性物质。由于这些化合物的持续挥发便使水果发出香气，而它们在组分及浓度上的差异又使得各种水果各具独特的香气。

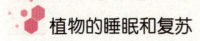 植物的睡眠和复苏

植物中的苔藓和地衣两纲，对干燥和寒冷具有特殊的忍耐能力。包括一切有花植物产生的种子，种子外包裹着气体难于透入的膜，它们的生命活动，气体代谢一直处于极为微弱的状态。但是，一旦外界条件合适，它们就从抑制状态中解脱出来，得到复活。

严冬来到以前，树叶就枯黄凋落，整个植株都进入睡眠状态，各个部分都停止了生长。它们将在酣睡中度过隆冬的季节。植物的睡眠被叫作"休眠"。也有这种情形，不是整个植株都在休眠，而只是它的某些部分在休眠，例如树上的腋芽。

树干基部的休眠芽更有意思，它们能连续睡上几十年，只有当树干被砍去后，它们才会"醒觉"。它们醒过来时，树头上就会出现许多嫩的枝条。

两年生植物的茎，第一年的冬季生长完全停止，于是整个植株都陷于沉睡之中。待第二年再生长，开花，结果。休眠的芽并不只是因为外面天冷才不能发芽生长。你把它搬到室内，放在潮湿、温暖、适合生长的地方，它也照例不发芽。在休眠器官中可以看到，所有的最重要的生命活动现象，除了呼吸外，还进行着贮藏物质的化学变化。但是就是看不见生长、看不到发芽。

在大田作物里也可以看到这种类似的情形。夏天刚收获的马铃薯，尽管生长条件很好，种下去也不会发芽，如果把它储藏一个时期，让它睡上一段时间，就是不种到地里，也会自行发芽的。

许多种子只要处在适宜的温度与湿度的条件下就能很快地发芽，而另一些种子在同样的条件下，经过好几个星期，好几个月，甚至好几年也不能发芽。许多刚刚收获的种子，也是处在休眠状态，如果立刻种下去就不发芽，像苹果和油桐的种子就是这样。一定要在阴冷潮湿的地方放置一个时期再播种才能发芽生长。

休眠，实际上是对不良季节的一种适应。各种植物的休眠情况是由它本身的遗传性决定的。在休眠期间，植物的休眠器官和组织，含水量减少，贮藏物质的含量提高，其中主要是原生质的胶体状态发生了变化，所以对不良的外界影响，特别是对寒冷与干旱，都大大增强了抵抗力。

刚收获的马铃薯与刚收获的苹果、油桐的种子虽然不发芽，但它们与那些没有发芽条件的植物不同，它们生长停止是内部原因造成的。据推测可能是因为原生质中累积了某些阻碍生长的物质之故。必须经过一段时间，当这些物质耗尽了或破坏了之后，生长才能恢复。关于这一问题，也还有其他的解释，但都没有得到证实。

不过，植物休眠有时对人们有利，因为休眠的植物往往适于储藏。

尽管我们还没有完全知道植物休眠的实质，但人类已掌握很多促进植物休眠或克制植物休眠的方法。许多农产品，像谷类、马铃薯、葱、蒜、萝卜往往在保存时期发了芽，对人类不利。现在可用一些生长抑制剂来抑制它们发芽。打破植物休眠的方法更多，现在人们已经可以控制许多植物按人类的需要发芽、开花了。

知识点

腋　芽

腋芽是侧芽之一种，特指从叶腋所生出的定芽。腋芽常见于种子植物的普通叶中，不长腋生侧芽的叶是少见的，但是鳞叶、花叶或多数蕨类的叶一般不分化出腋芽。从茎尖生长点出现新的叶原基后，不久其幼叶原基的腋芽原基即行分化，而且普通都是稍发育后才休眠。通常每一叶腋间形成一个腋芽，但有的种类也可产生两个以上的腋芽。主轴上腋芽的排列，原则上与该植物的叶序一致，但在树木中因为茎的次生生长不呈现同心圆，所以这种排列多数少显偏斜。

腋芽是在枝的侧面叶腋内的芽，也称侧芽。通常多年生落叶植物在叶落后，枝上的腋芽非常显著，接近枝基部的腋芽往往较小，在一个叶腋内，通常只有一个腋芽，如杨、柳、苹果等。但有些植物如金银花、桃、桑、棉等的部分或全部叶腋内，腋芽不止一个，其中后生的腋芽称为副芽。有的腋芽生长位置较低，被覆盖在叶柄基部内，直到叶落后，芽才显露出来，称为叶柄下芽，如悬铃木（法国梧桐）、刺槐等的腋芽，有叶柄下芽的叶柄，基部往往膨大。农业上，为提高产量，既要避免植株长的太高，又要避免腋芽生长。常常在摘去顶芽后在打顶处涂抹一定浓度的生长素。

沙生植物

提起沙漠，有人总以为那里是荒凉无际，黄沙滚滚，寸草不生。其实，沙漠并不是生命的禁区，那里尚有片片绿洲呈现着生机。生活在沙漠里的这些植物被称为沙生植物。这些沙生植物由于长期生活在风沙大、雨水少、冷热多变的严酷气候下，练就了一身适应艰苦环境的本领，生就了种种奇特的形态。它们那顽强的生命力令人惊异。

由于沙漠地区气候干燥，冷热变化剧烈，风大沙多，日照强烈，生长在这种环境中的植物，其叶片面积大大缩小，有的甚至完全退化。如仙人掌的叶子完全变成针刺状；红沙茎枝上的小叶退化成圆柱形；梭梭和红柳的叶子成了鳞片状；盐爪爪和霸王的叶子长成肉质状；白柠条的叶子两面都长满了银白色的绒毛。这些千姿百态的叶子，对于适应沙漠严酷的环境十分有利。鳞片状叶子可以减少蒸腾耗水；肉质状的叶子可以贮存大量的水分；那些白色的绒毛可以保护叶子免受高温强光的威胁；而胡杨的叶子更为奇特，为了缩小叶子面积以减少蒸腾，胡杨在一棵树上就有 40 多种叶型，甚至同一枝条上就长了 5 种不同形状的叶子。

由于水分和营养物质缺乏，加上风大和强烈日照等，沙生植物的地上部分生长受到限制，多数植株较低矮，有些植物的枝条硬化成刺状，如木旋花、骆驼刺。有些植物的茎枝上长了一层光滑的白色蜡皮，如沙拐枣、梭梭、白刺，这种蜡皮可以反射强烈阳光的照射，以避免植物体温度升高所带来的蒸腾过旺。一般植物都用绿色的叶子进行光合作用，而很多沙生植物因为叶子退化，只好靠绿色的枝条来进行光合作用，如梭梭、花棒等。

光照对植物的影响

阳光启开了黎明之窗，万物都笑脸迎着太阳，植物生长更离不开太阳，就像孩子离不开母亲一样。

　　植物为了充分受到阳光照射，巧妙地安排了它们的片片绿叶。下边着生的叶子与相邻的上部叶决不生长在一条直线上，一定要向旁边稍稍倾斜。它们有时相对，有时顺序，有时镶嵌一样，均匀地围绕着茎杆。若是从高空向下俯瞰，会看到叶子好像摊在一个平面上，上层的叶子决不遮掩下部叶片，使得每一片叶都能自由地摄取到太阳的光芒。为了达到这个目的，有时竟在一棵植物上变幻着两种形式的叶。就拿草地上的玛瑙花来说，它下面靠近根盘地方的叶子是圆形的，茎部上面的叶子却成线条形。

　　注意一下窗子附近的盆花，它们的叶子总是向窗外倾斜，甚至连茎的顶端也向窗外探。孩子们淘气，有时硬把它们扭向窗内，或者把花盆的位置转动几次，但毫无用处，它们又会很快转过来，还是探向窗外。细心观察，这些盆中的小植物都是把叶柄指向阳光，叶片却是横立的，它们这样安排就可以摄到更多的能量。有趣的是，并不是全部叶子和整个茎都倾向太阳；与阳光相亲的只是茎部尖端的一部分叶子，下边的叶子就没有转向窗外。而茎呢？它们仅仅是把尖端转向太阳。从这些观察中可以得出一个结论：很快转向太阳的是植物的新生部分，也就是有生长能力的那些部分。它们能转向的原因是什么呢？就是由于茎和叶柄向阳那一面长得慢，背光那一面长得快，上下两方生长不平均造成的。至于为什么向光和背光两方茎的生长速度不一样，这个道理下面就讲。

　　在那庞大的植物家族中，对太阳感情殊厚的要算可爱的小葵花了。清晨，当太阳初露东山时，它就以一张笑脸相迎。中午，太阳悬空高照，它就仰面相视。在太阳傲天巡游时，它始终追随着。直到傍晚，太阳悠然西下，它还留恋不舍，向西凝望呢。为什么小葵花对太阳如此眷恋呢？原来是它在授粉之前一直需要有一定的温度，它追逐着阳光，就是追逐着温暖。

　　小葵花能转面向阳是由于受它茎内"生长素"的控制。生长素在哪里，就促进哪里生长。不过这个生长素挺有意思，它总是跟阳光捉迷藏，阳光照在哪里，它就从哪里逃掉，躲在背光的一方悄悄地帮助那里的细胞分裂或增长。这样一来，茎背向阳光的那一面长得快，拉长了；茎向阳那一面生长得慢，就弯曲起来，于是葵花的脸就总能向阳。前面说的窗口盆花伸出窗口的原因也和葵花转脸的原因一样。

　　森林里的树木长得又高又整齐。创造这个奇迹的不是别人，而是太阳和树木之间的密切关系。因为在森林中生长着许多树木，彼此互相荫蔽，每一棵树都争着要得到阳光，在这种处境里，只有挺直向上才能达到目的。向上生长起来的树木，它们下层的树枝就落在阴影里面，变成树身的累赘。于是树干就抛弃了它们，所以树干下部枝杈都褪得干干净净，这样一来林中树就长得均匀、整齐了。若是再看看森林外沿生长的树，就有了明显的对照。那里的树长得畸形；受遮荫那面脱落掉下部树枝，可是露在外面受光照那面却枝荣叶茂。

森　林

有些花只有在阳光下才能开放，蒲公英就是这样。晴天，阳光洒下来，蒲公英的总苞就开放了；太阳一落，或者是阴天，总苞就闭合起来。花生叶总是迎着朝霞而开放，随着夜幕降临而闭合，就像经过一天疲劳之后而沉睡了一样。各种豆科叶子也是白天张开，夜间闭合。海洋里许多生物也类似，它们白天进行光合作用，积蓄能量，夜间便开始闪闪发光。因为生物有这种昼夜节律，好像时钟一样。

太阳在上空不断地向地表发射宏大的能流，它的射线穿过一亿多千米直泻下去，射到哪里都暂时形成了热，然后就消失了。唯有落在绿叶上的阳光才完全是另一种样子：它在那里停下来，并保存在那里，大家知道，绿叶是一座光合作用的大工厂，工厂的一台台机器是叶绿素，机器的动力就是太阳光。

叶绿粒十分灵活，它们能千方百计的捕捉阳光。当阳光没有直射它们时，它们就向着阳光，沿着细胞壁一个个排好队，并把它们那扁平的面对着光。若是太阳的射线强烈地刺向它，它就立刻躲开阳光，藏到细胞壁的侧面，把窄面对着太阳。叶绿粒的形状也随着光的照射情况而变化，经常见光的叶绿素样子扁平，经常在黑暗里的叶绿素，圆圆的，像豌豆种子一样。如果阳光不直射它们，它们就在原处不停地在转动，为的是更多地摄取太阳的能量。若是阳光直射它们，它们就转移开，以避免过热。实际上，没有阳光，叶绿素决不可能形成，甚至没有阳光，它们连二氧化碳也吸收不了。

高山之上，空气格外澄清，灰尘少，空气稀薄，阳光在这里能得到充分的利用。太阳的紫外线在高山地区发射量比平原上大得多。

因为太阳的阳光和紫外线大大抑制了植物的生长，所以在高山上生长的绿色植物在形态上与平原的植物明显不一样。高山的植物茎更短、花更大，这就说明光照阻碍了茎的生长，而没有影响花的形成。如果将生长在中等海拔高度的同一样植物种子播种在平原和高地，那么就会看到，山上生长的植物茎比平原的植物茎短多了。又加上高山上气温比平原低，对植物生长也不利，所以高山上植物有的竟看不到茎部。叶子也聚集成一簇一簇的。

长白山海拔 2000 米以上的天池边有两种柳树，一种叫极柳，一种叫矮柳。它们的高度只有一尺上下，枝条伏地而生。长白山天池恰处高寒地带，常年低温、寒湿，风又特别大，植物生长颇受影响，那里各种植物都是侏儒式地矮成一团，柳树也匍匐在地下。

极 柳

有人说，有光存在时植物生长最快，这话不对。实际上植物的茎在黑暗中长的要比在光下快得多。在阴暗中生长的马铃薯块茎比正常茎要长得快，有时可以长到 2 米以上。那么是阳光截阻了茎的生长吗？是的，阻碍茎生长的是蓝光和紫光。

室内植物的生长与窗子玻璃关系很大。普通玻璃把紫外线隔在室外，室内植物就长得纤弱。现在已经能制出特殊玻璃不再隔阻任何光了，这种玻璃适于装在植物生长室的窗子上。

茎在黑暗中生长得快，这是一种很大的适应性，正因为有这种能力，种子才能从土里钻出来。不过，植物在黑暗中只能生长一个短时期，长期离开阳光，就会因饥饿而死去。

也有的植物愿意在蔽荫下生活，直接暴露在光下竟感到不舒服。这是因为它们的祖先长期受蔽荫，习惯了这种生活。

根据这种习性人们把植物分成喜阳性和喜阴性两种。喜阳的植物叶子较厚，栅栏状组织排列成两层或三层，因为阳光透进能力较强，第二排和第三排的细胞都能进行光合作用，它们的叶子上气孔也大，能允许更多的二氧化碳进到叶内。喜阴的植物叶子较薄，栅状组织只排列一层，里面的叶绿素更多。

若是按着对光需要的强弱将大田作物排个顺序，那应该把玉米排在第一位（但不是全部品种），其次是菜豆、烟草、小麦、豌豆和荞麦。

有些植物对光存在的时间长短也很挑剔。最明显的是马铃薯，它只有在光照时间较短的条件下才能形成块茎（但马铃薯是长日照植物）。相反，葱头的形成却需要光多存在一些时间。

植物的颜色与光的关系也很大。缺少光，叶子颜色就比较惨淡。植物的花与果实的颜色是由它的染色体决定的，这种染色体因外界条件而改变着自己的颜色，譬如，在酸性细胞液里它变成红色，在碱性细胞液里变成青色。樱桃、李子、苹果、葡萄的果实都各有色调，它们都受染色体决定。可是，你们知道吗？染色体也只有在光存在的时候才能形成。所以，植物的颜色还是由光决定的。至于苹果向着光那面红润光泽，背着光那面青白暗淡，就更说明光与颜色密切相关。

草原上的罗盘草被称为草原上的"日晷"，它的叶片边缘准确地对着南方和北方，在草原上迷途的人可以按它叶子指的方向来分辨南、北。罗盘草这样生长是为了避免中午剧烈的暴晒。芸豆在早晨、黄昏或者阴天，它的叶片尽量张开获取充分的光线，可是在中午的骄阳下，每张小叶就都以叶缘对着光了。植物需要光，又怕光太强，就做了这样巧妙的安排。

人类用自己卓越的智慧给自然界进行了设计，尽量改善光与植物的关系。比如在我国农村，北方播种植物采用南北垄行，在南方却用东西垄行，这样会使庄稼更多地得到阳光的能量。改善营养，改善水的供应也提高了光的利用率。

聪明的人类还用自己制的光——人工光源来培育植物。小麦在1800～22 000勒克司就可以生长和成熟；玉米需要1400～3000勒克司，电灯就可以达到这样的光照能力。

当然，电灯光的成分和日光成分大不一样。由于各种植物在生长过程中对光有不同的要求，比如，黄瓜、番茄、小麦及其他禾本科植物在电灯光下完全可以正常生长，另一些植物如萝卜、向日葵在电灯光下就生长得不好，长成长长的茎，小小的叶。不过，人们也有办法，人们给它们加上富于蓝色和紫色光线的水银灯光，就能和在日光照射下一样生长了。

人类在近代又制出一种"冷光"灯，这种灯光的成分几乎与阳光的成分一样，用这种灯施光几乎所有的作物都能正常地生长。人类用这种光和阳光联合应用在温室中，在一年内植物可以生长三代或四代。

知识点

勒克司

勒克司，照度的单位。为距离一个光强的光源，在 1 米处接受的照明强度。

勒克司是用来测量投射在物体上的光的数量的米制单位，在英国叫作尺烛光。具体地说，1 勒克司等于一支蜡烛从 1 米外投射在一平方米的表面上的光的数量。10 勒克司等于 10 支蜡烛从 1 米外投射到物体表面的光的数量。适宜于阅读和缝纫等的照度约为 60 勒克司。

延伸阅读

热带植物

热带具有温度变化小和全年皆夏的特征，年平均温度在 22℃ ~ 26℃ 以上。由于气候炎热、雨量充沛，一年四季适宜植物生长，在这里大大小小的植物都可以找到它们生存繁衍的合适场所。在热带森林里，树木分层生长，在高大的树下有灌木、灌木下有草丛，层层叠叠，大自然的每一寸空间几乎都被利用了。

热带森林中的攀缘植物极为丰富，特别是一些藤本植物缠绕于粗大的树木上，攀扭交错，横跨林间。高温高湿的环境，最适于附生植物的生长，如附生兰、鸟巢蕨及各种苔藓、地衣，到处生长在树干及枝杈上。这儿还可以看到"树上生树，叶上长草"的奇景。有人曾统计过，一株树上的附生植物，有的可以多达 15 种。

热带的植物资源极为丰富，除了有名的咖啡、可可、油棕、橡胶等重要经济作物之外。还盛产三七、萝芙木等名贵药材。在水果方面有香蕉、菠萝、椰子、荔枝、柠檬、芒果等热带水果。我国云南素有"植物王国"之称，而滇

南的西双版纳热带森林，则可以说是植物王国里的明珠。其他像海南省的热带森林也是祖国的绿色宝库。

 ## 植物对空气的净化作用

在我们的生活中，公园能让人感到空气很清新，那是因为公园里有大量的植物。最美好的空气是在大雷雨后树林中的空气。你呼吸到这种空气，就像是痛饮甘露，那里的空气含有大量的氧气；最污浊的空气是在人多的房间里、车厢中，若是窗子长久不能打开，简直令人头疼、恶心。因为那里充满了二氧化碳。

据计算，全地球的居民，每年大约要吐出 10.8 亿吨二氧化碳。工厂、火车头、汽车、轮船燃烧燃料时，流散到空气中的二氧化碳约有 15.65 亿吨。由于人口和工业的增长，氧气需要量和二氧化碳的排出量都越来越大，也就是说，世界的空气将一天比一天污浊。

19 世纪末，科学家们曾对世界未来的空气忧虑过。一位英国的物理学家在 1898 年计算过，他当时说，再待 500 年地球上的氧气就将全部被吸光、耗尽。另一些科学家也肯定地说，地球上将很快充满二氧化碳，那时人类就会窒息。

可是，植物生理科学家却安慰了他们，告诉他们不要焦虑，因为大地上存在着植物，植物会拯救人类！植物是巨大的空气调节器。

一年中，地球上各种植物所吸收的二氧化碳的数量大约是 865 亿吨。植物吸入浊气——二氧化碳，却放出了氧气。有人计算过：1 公顷树木的叶子的总面积为 50 000 ~ 70 000 平方米，每天能吸收 150 ~ 500 千克的二氧化碳，放出 60 ~ 400 千克的氧气。1 公顷的树木可以维持 30 个人的呼吸。1 公顷种了玉米的田地，可以供 150 人呼吸。绿色植物就是这样通过光合作用，调节了空气中的二氧化碳和氧气，更新了我们生活中赖以生存的空气。

绿色植物除了放氧吸二氧化碳之外，还有一个重要的过程，那就是经常把根从地中吸上来的水分从叶子里蒸发出去。天气越炎热，水分蒸发的越多。夏天，一棵树要蒸发掉将近 6 桶水，1 公顷树林的叶子，每天大约能蒸发掉 100 吨水。水，不但湿润了空气，也降低了温度。为什么热天人们都躲在树阴下避暑？就是因为树木蒸发了水分，那里的温度比别的地方低。如果空气温度在25℃时，那无树林遮掩的砖墙和裸露的马路受阳光照射后，温度就大大高于空气的温度，可达35℃，可是绿化的地方却相反，树木的叶子温度是23℃，而林阴之下的土地是22℃。更重要的是人们正需要湿润的空气。空气干燥时，人们心情往往烦燥。

除此以外，植物的叶子还是极好的除尘器。最明显的例子是天文台周围的一道树木的绿色防护带，尘土积在树叶上，天文台周围的空气就变得清洁，透明了。这样才有利于从望远镜中更清楚地观测天上的星球。谁呼吸到含有灰尘的空气和污浊的空气都会感到不愉快，我们需要清洁的空气！

绿色植物对于净化大气，保护环境有着重要的作用。

不少植物对有害气体有较强的抗性，能在污染的环境中生长，并可吸收一部分有害气体，减少空气污染；还有许多植物对大气中的一些污染物反应非常灵敏，甚至在人的感觉反应之前，植物就对不同物质的污染产生各种典型症状。这样的植物可以做污染预报，及时向人类报告大气污染的程度或大气受什么毒物污染了。这样，人们就可以立即采取措施，保护自己。

用树木净化大气的方法来减少大气中的有毒物质。在哈尔滨市进行了摸拟熏烟试验，初步选出了一批抗二氧化硫（SO_2）、氯气（Cl_2）和氟化氢（HF）等有毒气体的树木。如抗二氧化硫的有鱼鳞松、黑松、紫椴、红松等；抗氯气的有黑松、樟子松、红松；抗氟化氢的有黑松、樟子松和鱼鳞松。

广州已选出一批对二氧化硫、氯气具有较强的抗性的植物，并利用它们在工厂进行了防污绿化种植。在被二氧化硫和氯气污染了的环境中种的印度榕、高山榕、细叶榕等，生机勃勃，郁郁葱葱，显著地改善了环境。芳草遍地，绿树成荫，整个城市空气

印度榕

清新，景色宜人，这也是现代化城市的重要标志。

许多野草也对有害气体有较强的抗性。如蟋蟀草、马齿苋对二氧化硫、氯气、氟化氢等有毒气体有较强的抗性。草本植物对低浓度氧化硫有一定的吸收能力。草地对净化大气、消除污染、保护环境，立下了很大的功绩。

据报道，目前环境被污染的程度，可以靠某些植物来检验，例如青苔。因为青苔上沾染的化学物质可以被精确地测定出来。浮游在空气中的某些物质，像环式化合物、石碳酸混合物、碳水化合物、多种氯化物及重金属等，都可以在青苔上找到它们的踪迹。德国的一些科学家们正计划使用植物作为测量和检验空气被污染程度的标准计算依据。

草地是优良的除尘器。生长茂盛的草皮，它的叶面积比它所占土地的面积大20倍。大片草地的厚茸茸的叶子，就好像是一座庞大的天然除尘器，它们连续不断自动地接收、吸附、过滤着空气中的尘埃，使它不再继续污染空气。

草　地

草，用它的根牢牢抓住地表，对于防止由于黄土搬家而造成的尘土污染空气，效果非常好。有人测定过，4级以上的大风天，在北京天坛公园大草地的上空没有尘土，可是在裸露的土地上空，尘粉浓度就达到每立方米9毫克，超过国家标准17倍。

邻近闹市的居民对于城市的喧哗声特别敏感。但在绿化的街道上，喧哗声就不大能听到，这是因为树木的叶子和草地可以吸收噪声，减轻噪声对人们的危害。

草地还可以有效地调节气候。在盛夏的傍晚，一切裸露的地面还在散发着热气，可是绿草如茵的地方早已开始凉爽了。若在冬季的白天又恰恰相反，草地环境的气温反而高于水泥地面的环境温度。

草地也时时在进行光合作用，吸收大气中污浊的二氧化碳，放出氧气，草地又能蒸发水分，湿润空气。还有那草地里放出的花香，也能使空气新鲜、清洁。

青苔

  青苔是水生苔藓植物，色翠绿，生长在水中或陆地阴湿处。生长在江河内的青苔，傣语称为"改"；生长在静水池塘中的青苔，傣语称为"岛"。"改"和"岛"都是傣族群众喜欢采食的野菜。

  民间有谚语说，"三月青苔露绿头，四月青苔绿满江。"不论哪种青苔，都是附生在水底的石块或岩石上，春暖时抽丝发苔，三月末、四月初长成又长又绿的青丝。此时，傣家人便腰系小筐到江河、池塘内采集青苔，烹饪保健菜肴。青苔长于清流之下，不受污染，富含绿色素、叶黄素、胡萝卜素和维生素 B_1、B_2、B_{12} 和维生素 C、维生素 D，还含有人体所需的无机盐和微量元素，能防治痄疾，对消化不良、肺炎、气管炎有一定治疗作用，是天然绿色保健美食。

延伸阅读

高山植物

  生长在高山上的植物，一般体积矮小，茎叶多毛，有的还匍匐着生长或者像垫子一样铺在地上，成为所谓的"垫状植物"。"垫状植物"是植物适应高山环境的典型形状之一。它们在青藏高原海拔 4500～5300 米之间的高山区生长。苔状蚕缀，高 3～5 厘米，个别较大的高也不过 10 厘米左右，直径约 20 厘米。一团团垫状体就好像一个个运动器械中的铁饼，散落在高山的坡地之上。它那流线形（或铁饼状）的外表和贴地生长，能抵御大风的吹刮和冷风的侵袭。另外它生长缓慢、叶子细小，可以减少蒸腾作用而节省对水分的消耗，以适应高山缺水的恶劣环境。

  全身长满白毛的雪莲，可以代表另一类型的高山植物。雪莲生长在海拔

4800～5500米之间的高山寒冻风化带。雪莲个体不高，茎、叶密生厚厚的白色绒毛，既能防寒，又能保温，还能反射掉高山阳光的强烈辐射，免遭伤害，所以这也是对高山严酷环境的一种适应。

大多数高山植物还有粗壮深长而柔韧的根系，它们常穿插在砾石或岩石的裂缝之间和粗质的土壤里吸收营养和水分，以适应高山粗疏的土壤和在寒冷、干旱环境下生长发育的要求。

植物的带状分布

植物的生存必须依赖环境条件，其中最主要的因素是气候条件。我们都知道，地球上的气候是呈带状分布的，相应的，植物也呈带状分布。

从赤道到两极

我们都知道，地球上有"五带"，即热带、南北温带、南北寒带。如果再细分，还可以分为赤道带、热带、亚热带、暖温带、中温带、寒温带、亚寒带和寒带等。这些地带的划分，主要依据是太阳的热量在地球上的分布状况。这些不同的地带大致呈横向条带，顺着纬线方向（东西方向）延伸着。从赤道向两极，一个地带转换成另一个地带，是顺着经线方向（南北方向）交替排列。这种分布状况称为"地带性分布"或称"纬度地带性分布"。因此，在分布问题上，人们把纬度称为地带性因素。我们可以这样概括：地球上热量带的分布状况是地带性分布，影响热量分布的主要因素是纬度。除此以外的分布状况，我们统称之为非地带性分布。例如，中国的降水量东南部多，越向西北降水越少。从东南向西北可以按干湿情况划分几个地带，即湿润地区、半湿润地区、半干旱地区和干旱地区。我国东南沿海皆属湿润地区，新疆则处于干旱地区。这种分布状况就不是地带性的，而是非地带性分布。造成这种分布状况的原因，很明显不是由于纬度，而是由于降水情况。距海远近是造成这种分布的主要因素。

由于气温、气压、风向、降水等天气现象是相互影响的，地球上气温、降水的分布都具有地带性的特点，而气温与降水更直接影响植物的生长，因此，地球上各大陆大部分地区的植被分布就是地带性的了。

　　植物的生长需要一定的热量，所以气温过低的两极地带就缺乏植被。对于水分的要求，树木与草类不同，树木比草需要更多的水，所以在一定的温度条件下，森林生长在湿润或比较湿润的地区，而在比较干旱的地区，树木不易生长，植被以草原为主，非常干旱的地区则只有荒漠植被。

　　地球上大陆植被的类型是复杂多样的，我们只能粗略地选择几种主要类型来讲。

　　热带雨林主要集中分布在南、北纬10°之间的亚马孙河流域、刚果河流域和东南亚地区，它是分布在热带高温潮湿气候区的常绿森林，树种繁多。乔木高达30米以上，有的甚至可达40～60米，主干挺直，通常可分出3层结构。热带雨林的植物量（主要是木材）占全球陆地总植物量的40%。它的盛衰直接影响着全球环境，保护热带雨林已成为当前世界关注的紧迫问题之一。

　　热带季雨林分布在热带雨林外围，主要分布在东南亚和印度半岛等地区。它形成于干湿季节交替的热带气候条件下、又称季风林或热带季节林。和热带雨林相比，结构较简单，乔木只分上下两层。由于气候的影响，热带季雨林可分为两大类型：落叶季雨林和半常绿季雨林（常绿季雨林）。落叶季雨林分布在年降水量500～1500毫米，且有较长干季的地区，大多数树种在干季落叶。半常绿季雨林分布在年降水量1500～2500毫米，水热结合良好的地区，在短暂的干季，高大的乔木可出现几天到几周的无叶期。热带季雨林与热带雨林之间难划分出明确的界线，呈逐渐过渡的形势。

　　亚热带常绿阔叶林主要分布在东亚，即亚热带季风气候区，这里夏季炎热而潮湿，年平均气温15℃～21℃，年降水量1000～2000毫米。终年常绿，树冠浑圆。亚热带常绿阔叶林植物资源非常丰富，有许多珍贵林木，速生林木和经济林木。常绿阔叶林保存面积不大，在我国，从秦岭山地到云贵高原和西藏南部山地都有广泛分布，在开发利用的同时，已加强培育和保护。

　　夏绿阔叶林又称落叶阔叶

泰加林

林，主要分布在西欧、中欧、东亚、北美东部等地。这里夏季炎热多雨，冬季寒冷，年降水量在500～1200毫米。林木冬季落叶。亚洲的夏绿阔叶林主要分布在我国华北、东北南部的暖温带地区以及朝鲜和日本的北部，由于人类经济活动，已无原始林。

寒温带针叶林又称北方针叶林或泰加林。分布在亚欧大陆和北美洲的北部，在中、低纬度的高山地区也有分布。由耐寒的针叶乔木组成。这里夏季温湿，冬季严寒而漫长，年降水量300～600毫米。针叶林常由单一树种构成，树干直立。云杉和冷杉属耐阴树种，林内较阴暗，被称为"阴暗针叶林"。松树和落叶松为喜阳树种，林内较明亮，称为"明亮针叶林"。亚欧大陆北部寒温带针叶林面积非常广阔，自斯堪的纳维亚半岛经芬兰、俄罗斯、我国黑龙江北部到堪察加半岛。欧洲及西伯利亚地区以常绿针叶林为主，亚欧大陆东部则以兴安落叶松占多数。北美洲的寒温带针叶林主要分布在阿拉斯加和拉布拉多半岛的大部分以及这两个半岛之间的广大地区。西部地区，特别是沿太平洋沿岸，针叶林种属丰富，与欧洲北部相似，有松、云杉、落叶松等；东部地区与东亚相似，落叶松广泛分布。

从山麓到山顶

如果有人问："在盛夏，中国哪个省区最凉爽？"而你回答："黑龙江省纬度最高，是中国夏季最凉爽的省。"那就错了，西藏才是中国夏季最凉快的地方。西藏的绝大部分地区7月平均气温在16℃以下，其中很多地区在8℃以下，比黑龙江省的7月平均气温低得多。西藏的纬度相当于亚热带，那么，为什么一个亚热带地区夏季竟如此凉爽呢？原来，西藏夏日低温的原因，不是由于纬度低，而是由于它的地势高，号称"世界屋脊"的青藏高原，平均海拔高度在4500米以上。

地球上的气温是随纬度而变化的，纬度愈高，气温愈低。同时，大气的温度还随地势的高度而变化，地势愈高，气温愈低。科学研究证明：海拔高度每上升180米，气温下降约1℃。

地带性规律说明，纬度的高低对植被分布的影响很明显。地带性规律是植被分布的基本规律，而非地带性因素如海洋湿气流的强弱对气候的影响则可以使植被形成森林、草原、荒漠的区别。地势高低也是影响植被分布的非地带性因素，那么地势高低怎样影响植被的分布呢？让我们先看看下面的例子。

乞力马扎罗山是非洲第一高峰，海拔高度约 5895 米。山上植被繁茂，远看一片浓绿，但如果仔细观察就会发现，山上的植被实际是呈带状分布的。从山麓到山顶的植被分布情况是有明显变化的。而这种变化恰与植被的地带性分布（即从赤道向极地的变化）大致相似。但二者也有区别：一是植被的地带性分布是水平方向的变化，高山植被的变化是垂直方向的变化，所以我们将高山植被分布的这个特点称为"植被的垂直分布"。二是植被随纬度的变化是缓慢的，从热带雨林到冰原，要经过数千千米，而植被的垂直变化却很快，从热带雨林到积雪冰川只经过从山麓到山顶的数千米距离。三是二者在具体植被类型的变化上并不完全相似。

我们把山地植被分布的这种示意图称为"垂直带谱"，它的最下层称为"基带"。不同地区的高山，它们的带谱很可能不同，有的复杂，有的简单。同一座山南坡与北坡的垂直带谱常很不相同。在北半球，山南坡称为阳坡，北坡称为阴坡；南半球的情况正好相反。基带是垂直带谱的起始带，基带的植被类型就是这座山所在地的植被类型，例如乞力马扎罗山位于赤道附近，山下的植被当然是热带雨林了。从基带向山上走，植被随气温下降而发生变化：从亚热带森林，温带森林……一直到 5200 米以上的积雪冰川等，形成六个层次。我国安徽省的黄山，它的地理位置在亚热带，基带就是亚热带常绿阔叶林，它的垂直带谱中就没有热带雨林。长白山位于我国东北吉林省，垂直带谱的基带是温带落叶阔叶林，在长白山的垂直带谱中当然不会出现热带与亚热带植被。高山植被的垂直带谱是在基带基础上发展的，而基带的植被类型是与山体所在地的典型植被相一致的。

天山位于我国新疆中部，它是东西走向的山脉，北面是准噶尔盆地，地势较低；南面是塔里木盆地，地势较高。新疆的气候是温带大陆性气候，干旱少雨，荒漠就分布在天山脚下。看看天山植被分布的示意图，天山的北坡和南坡植被情况便可一目了然。因南北两坡山麓的海拔高度不同，从南坡（阳坡）看天山比较低，而从北坡（阴坡）看天山比较高。两坡植被的垂直带谱大致相似（都包括荒漠—蒿类荒漠—山地草原—针叶林—高山草甸—积雪冰川），山下是荒漠，山上出现草地，草地之上出现森林。这种带谱是地带性分布规律所没有的，这说明山地的气温随地势升高而下降，山到一定高度，空气中的水汽就会凝结，形成降水，以致荒漠消失，代之以草原和森林。森林以上空气中水汽已少，降水也就少了，于是形成高山草甸。这种现象是荒漠地区的高山植

天　山

被中常见到的。

但阴坡与阳坡的植被繁茂程度却有很大区别。阴坡植被要比阳坡茂盛，表现在阴坡森林面积远远大于阳坡；林地上下的草地面积也是阴坡大于阳坡。而荒漠面积相反，阳坡大于阴坡。这是因为这里热量非常丰富，阴坡的热量也能满足植物生长的需要，而阳坡阳光更强，热量比阴坡更多，水汽在高温条件下不易凝结，所以阴坡降水多于阳坡。这也是高山植被分布的规律之一。当然在特殊条件下也有例外，例如喜玛拉雅山的阳坡植被就远比阴坡繁茂，这个例外现象产生的原因在于山的特殊高大，山的阳坡下是热带季风气候区，高温而多雨；山的阴坡下是"世界屋脊"西藏高原，是寒冷而干旱的高寒气候区。

通过以上几个例子，我们可以概括成以下几点：

（1）山的高度：山必须有相当的高度，才能出现垂直分布现象，如果山体矮小，山上山下的气候区别不大，自然也不可能出现多种植被带。山地植被的垂直带谱最高层不一定都有积雪冰川带，例如我国南方的黄山、北方的大兴安岭，它们各有自己的植被垂直带谱，但它们都没有积雪冰川带，主要原因是这些山都不够高。冰雪带的下限称"雪线"，雪线的高度受山上气候的影响，也受山高的影响。

（2）山体所在纬度：如果山体位于低纬地区，且降雨较多，山上植被就会呈现复杂的垂直带谱。如果山体位于纬度较高的地方，山下本已寒冷，山上温度更低，植被当然稀少。垂直带谱的基带植被就是山体所在地区的典型植被，表现了在纬度因素影响下形成的地带性分布的特点。

（3）山的坡向：山的坡向明显地影响植被分布，坡向不同，植被得到的阳光热量也不同：阳坡热量多于阴坡，因而气温高，水蒸气不易凝结，降水少；阴坡处于背光的一面，气温较阳坡低，水蒸气较易凝结，因而水分条件比阳坡优越。因此，同一座山的阴坡和阳坡植被的垂直带谱往往不同，一般来说，阴坡植被比阳坡茂盛。

热带季雨林

热带季雨林是分布于热带，有周期性干、湿季节交替地区的一种森林类型。也称季风林或雨绿林。由较耐旱的热带常绿和落叶阔叶树种组成，且有明显的季相变化。与热带雨林相比，其树高较低，植物种类较少，结构比较简单，优势种较明显。

热带季雨林不连续分布于亚洲、非洲（称混合落叶林）、美洲（称季节林）热带季风区，而以东南亚受季风影响较大的地方最为典型。中国热带地区受太平洋及印度洋季风控制，热带季雨林分布北界基本上在华南和西南的北回归线附近，东部偏南，西部偏北。包括台湾、海南、广东、广西、云南和西藏的部分地区，是中国热带季风气候地带的代表性植被类型。此外，在南亚的热带的一些河谷和南坡沟谷也有零星分布。

中国的热带季雨林的植物区系以亚洲热带广布种和热带北部特有种为主，多属于番荔枝科、使君子科、梧桐科、木棉科、大戟科、豆科、桑科、无患子科和山榄科等。群落有较明显的优势种或共优势种，水热条件好的地方常绿树种较多。

延伸阅读

北京植物园简介

中国科学院植物研究所北京植物园是于 1955 年选址建成的，它也是新中国成立后科学院于 20 世纪 50 年代建立的植物园中较早的一个。北京植物园地处首都，又有历史悠久、科研力量雄厚的植物研究所为依托，一直是我国和科学院植物学与植物园领域对外展示成果和学术交流的窗口和门户，在国内植物园界发挥着重要的影响。

植物园规划面积 119 公顷，现有土地面积 74 公顷，其中展览区 20.7 公

顷，试验地17.2公顷，展览温室1820平方米，试验温室3000平方米。已建成树木园、宿根花卉园、月季园、牡丹园、本草园、紫薇园、野生果树资源区、环保植物区、水生植物区、珍稀濒危植物区，热带、亚热带植物展览温室等10余个展区和展室。栽培植物近5000种（含品种），其中乔灌木约2000种，热带、亚热带植物1000余种，花卉近500种（含品种），果树、芳香、油料、中草药、水生等植物1500余种。种子标本室收集种子标本75 000余号，22 500余种，居亚洲第一，世界第三，并与60多个国家（或地区）300多个单位有植物种子交换关系。

在科普宣传方面也取得了良好效果，每年接待游人约20万人次，是北京和外地部分专业院校以及中小学校的定点实习或学习单位，被首批授予"全国青少年科技教育基地"、"北京市科普教育基地"称号。

人工对植物的改良

人工对植物的繁殖、改良，也对植物进化起到了一定的作用。繁殖使植物延续种族，是植物最重要的生命活动之一。植物的繁殖方式可分为无性生殖和有性生殖两种类型，园艺家最早进行的植物人工无性繁殖已有1000多年历史了。

植物通过繁殖能增加新一代个体，扩大后代的生活范围；能保证物种的遗传稳定性，植物上代个体的特征将通过繁殖传递给下一代；繁殖过程可产生一定的变异，下一代的个体与亲本相比往往有某些方面的差异。在植物系统发育中，经一代又一代的繁殖与自然选择，形成了种类繁多、性状各异的植物世界。在生产实践中，人们通过植物的繁殖活动，使用多种手段与技术进行人工杂交、选择和培育，获得了许多优良品种。

园艺家剪下天竺葵、玫瑰或其他植物的插枝，培植出遗传性质与母本完全相同的新株，称为无性繁殖体。插枝可从根或枝条上截取，栽培在土壤或培养土里，长成新株。

现代科学技术大大拓展了无性繁殖范围，过去插枝不能成活的许多植物，今天已经无性繁殖成功。进行植物无性繁殖，目的是选取产量最高或最具观赏价值的植株，培育出成千上万的后代。首先要截取植物细胞，可从母本任何部分截取，只要有活细胞就行，因为植物所有细胞都含有重构整株所需的遗传密码。然后将它放入含有充足养分的培养液中。培养液中含有生长激素，不断促使扦插的细胞分裂，育出的细胞团每六个星期左右增大一倍。

不久，细胞团开始长出球形的小白点，即胚状体。胚状体逐渐生根，抽芽，开始像一株微小植物，把它小心移植到培养土里，就会长成与母本一模一样的植物，到此大约需时

玫 瑰

18 个月。此法叫作组织培养，用来繁殖油椰已经有相当日子。油椰是很有价值的作物，盛产于热带，所产的稠油可以用来制造化妆品和人造黄油，也可以作食用油。

同时培育多个油椰的无性繁殖体，就会同时发芽，以同样速度生长，在同一时间产生同样质、量的油，产量较种子繁殖的多 30%。用种子繁殖，植株会有很大的变异。同样的方法正用来培植芦笋、凤梨、草莓、球芽甘蓝、花椰菜、康乃馨、香蕉、蕨类植物等。组织培养不但用来大量培植良种植物，也用来遏止植物病毒引起的病害。病毒通常会由种子一代一代传下去；用没病的植株进行无性繁殖，一株已足以繁殖出极多无病的无性繁殖体。

有性生殖是通过两性细胞的结合形成新个体的一种繁殖方式。有性生殖最常见的方式是配子交配，植物体产生的性细胞为单倍体，称为配子，两个配子结合形成合子，由合子发育形成新个体。

植物生殖工程的研究在近年来取得了长足的进展，但也有很多困难与问题，如合子至原胚阶段的培养难度很大，生活胚囊、生殖细胞、精子的大量分离与培养及生活力的保存等也有待于进一步完善；植物激素在生殖过程中的作用机制研究也是一个难度很大的领域，随新近在研究技术上的进展，将可能把植物激素的作用机制研究推向新阶段。植物生殖工程也将会有新的突破，建立起如"配子—体细胞杂交"、"雌雄配子体外融合"、"利用花粉原生质体摄取外源 DNA 并导入受精卵"等技术。相信植物生殖工程将为育种实践提供实用的高技术。

知识点

无性繁殖

无性繁殖是指不经生殖细胞结合的受精过程，由母体的一部分直接产生子代的繁殖方法。在植物上常用树木营养器官的一部分和花芽、花药、雌配子体等材料进行无性繁殖。花药、花芽、雌配子体常用组织培养法离体繁殖。生根后的植物与母株法的基因是完全相同的。用此法繁育的苗木称无性繁殖苗。其繁殖方式有以下几种：

1. 分裂生殖。由一个生物体直接分裂成两个新个体，这两个新个体大小形状基本相同。例如：变形虫、草履虫、细菌等。

2. 出芽生殖。在母体的某些部位上长出芽体，芽体长大以后会从母体脱落，成为与母体一样的新个体。如：酵母菌、水螅等。

3. 孢子生殖。真菌和一些植物，能够产生无性生殖的细胞——孢子。孢子在适宜的环境田间下，能够萌发并长出新个体。如：青霉、曲霉、衣藻、苔藓。

4. 营养生殖。植物体的营养器官（根、茎、叶）的一部分，从母体脱落后，能够发育成为一个新的个体。如：马铃薯的块茎、草莓的葡萄茎等。

无性繁殖的优点是生长速度快，开花结果早；能保持母本的优良特性、繁殖速度快。其缺点是有些依靠种子繁殖的植物长期靠无性繁殖可能会导致根系不完整，生长不够健壮，寿命短；但大部分植物通过无性繁殖不会与母本有任何区别，除非发生突变。

延伸阅读

人类与植物密不可分

植物与人类的关系是密不可分的，在日常生活中四处可见植物的踪影。

植物的用途十分广泛。我们都知道所吃的粮食和蔬果来自植物，身上的棉麻衣服来自植物，我们阅读书籍的纸张来自植物，植物给人类提供的资源，超乎我们的想象。

植物不仅供给人类衣、食、住、行的需要，它们也是创造人类精神文化生活的基础。种养植物对人的身心都大有好处，调节环境、陶冶情操之外，我们生活中有了花草的点缀也变得格外温馨。在植物与人类的文化中，我们的经济往来，技术交流，感情的表达和传送情谊，都离不开绿色植物。文学中有植物、音乐中有植物、礼仪中也都有植物，不同的植物则含有不同的文化内涵。

我国积极开展野生植物保护

植物是人类的朋友，也是人类赖以生存的物质基础。全世界植物约50余万种，人类有意识栽培的植物仅千余种，其中粮食作物不过30多种，绝大多数仍处于野生或半野生状态。由于人口迅猛增长及人类对植物资源掠夺性的开发利用，在我国大约有5000种植物处于濒危或受威胁状态，有些甚至已经灭绝。面对这种状况，我国积极开展了植物保护工作。

1994年，国家林业局和农业部组织专家制定了《国家重点保护野生植物名录》，共收入419种和13大类物种约1000多种，并于1999年8月公布了第一批《国家重点保护野生植物名录》。为掌握我国重点保护野生植物的资源状况，为保护管理和合理利用野生植物资源提供科学依据，1996～2003年，国家林业局组织开展了全国重点保护野生植物资源调查，从我国野生植物保护急迫需要出发，确定生态作用关键、经济需求量大、国际较为关注、科研价值高且资源消耗严重的189种重点保护野生植物作为本次的调查对象，其中有148种列入第一批《国家重点保护野生植物名录》，另有41种列入正在争取公布的第二批《国家重点保护野生植物名录》。

调查结果显示，104种物种极危或濒危，其中百山祖冷杉、普陀鹅耳枥和银杉等57种极危，巨柏、水杉、观光木和滇楠等47种濒危，岷江柏木、福建柏和红豆杉等61种易危，秦岭冷杉、广东松和土沉香等14种依赖保护，金毛狗和翠柏等7种接近受危，另有光叶蕨、金平桦和秤锤树3种野外未发现；55种野生植物种群数量过少，包括野外未发现的光叶蕨、秤锤树、金平桦3个物种，11个物种的野外植株数量仅1～10株，12个物种的野外植株数量为11～

100 株，13 个物种的野外植株数量为 101～1000 株，14 个物种野外植株数量为 1001～5000 株；以及人参和瑶山苣苔两种草本植物；156 种野生植物种群结构不合理，主要包括 55 种种群过小，44 种年龄结构过老并呈衰退趋势，57 种种群以幼树和小苗居多；49 种野生植物仅存 1 个分布地点，极易使野生种群陷入濒危或极度濒危的状态；75 种野生植物因生境恶化，陷入濒危状态；92 种野生植物因市场需求过大导致资源过度利用。

观光木

另外，相关专项调查表明，我国苏铁植物的资源状况也不容乐观。近 30 年我国野生苏铁居群与株数至少减少了 60%，其中苏铁、四川苏铁和灰干苏铁 3 种野生居群已几乎绝迹，德保苏铁、多歧苏铁等 8 种处于濒危状态。大部分种类分布范围狭窄，除篦齿苏铁外大部分种类分布局限在某省，甚至某几个县或某条河流，如灰干苏铁仅分布在云南省个旧市保和乡及黄草坝乡。

通过调查，也可喜地看到我国野生植物的人工培育利用有了很大发展，123 种调查物种在国内有栽培，栽培总面积约 135 万平方米，发展人工培育来解决利用问题，已成为社会普遍关注的热点和新的经济增长点，近年来我国野生植物培育利用业有了很大发展，花卉、药材、园林绿化等行业都已建立了一批具有相当规模的培育基地。

由于我国重点保护野生植物多为珍稀特有濒危植物，虽然经过近年来的保护，其野外生存环境得到了一定的改善，人工培植也有了长足的发展，但由于其自身生物学特性等方面的原因，野外生存状况依然堪忧，保护形势相当严峻。

目前，我国一些具有重大经济价值，但尚未纳入国家重点保护的野生植物更是面临着极大的生存威胁，兰科植物是最为典型的例子。我国约有兰科植物 173 属 1200 多种和大量的变种、品种，属于《濒危野生动植物种国际贸易公约》的保护范围。但由于兰科植物未被列入已公布的第一批《国家重点保护野生植物名录》，导致兰科植物的保护目前没有法律依据，加之许多兰科植物具有较高的观赏价值和药用价值，所以其野外生存状况很不乐观。特别是国兰属、兜兰属、万带兰属和杓兰属等兰科植物，由于过度采集，大批量的市场交易，野生资源急剧消失，有些当年的兰花山甚至变得连一棵兰花也找不到。石槲属植物是重要的药材，每年用量 2000 吨以上，而其人工培育数量极少，其产量不足需求量的 1‰，目前国内石槲资源已近枯竭。值得庆幸的是，兰科植物已被列为野生动植物和自然保护区建设工程的 15 大优先保护物种之一，将会为兰科植物的生存状况带来改观。

总之，近年来我国野生植物保护事业取得一定的成就，但有些物种的利用已超出了可承受限度而面临枯竭甚至濒危，需要抢救性保护；我国野生植物资源数量普遍不多，相当物种已不具备作为经济资源的条件，必须将野外资源主要作为生态资源对待，实行普遍保护。因此，必须用发展观点来做好保护工作，加强野外资源保护，大力发展野生植物资源的人工培育，促进由利用野外资源为主向培育利用人工资源为主转变。

附：我国重点保护植物名录（部分）

蕨类植物

1. 法斗观音座莲

多年生大型蕨类，为国家二级保护植物。高 1～1.2 米。根状茎肉质，横卧，短圆柱形，径 5～6 厘米。叶 2～3 片簇生茎顶；叶柄长 35～70 厘米，平滑，上面有浅沟，疏被暗棕色近盾状着生的流苏状鳞片，基部肉质膨大呈马蹄状，两侧耳状托叶；羽片 2～3（7）对，互生或对生，近等大，长圆形，长 45～55 厘米，宽 18～23 厘米；营养叶小羽片 8～12 对；顶生小羽片常大于侧羽片，先端长渐尖，基部楔形，具短柄，叶脉单一或分叉，几平行，相距 1.5～2 毫米，直达齿缘；叶轴、羽轴、小羽片中脉及侧脉略有 1～2 深棕色小鳞片。孢子囊群短线形，间距较宽，长短不一；孢子囊群下面具分支夹丝。孢子球表面有较密的瘤状凸起。

生于海拔 1500～1550 米箐沟内山坡常绿阔叶林下。

特产于我国云南东南部西畴县法斗山区。

2. 二回原始观音座莲

多年生陆生高大蕨类，为国家二级保护植物。植株高约 1 米。叶柄长达

二回原始观音座莲

70厘米，连同叶轴和小叶轴疏生棕色披针形或线形鳞片，中部有节状的肉质膨大；叶片三角状长圆形，草质，两面无毛，长40～50厘米，中部宽约22厘米，基部二回羽状，向上为一回羽状，中部以上的羽片披针形，长2～17厘米，中部宽达2.8厘米，边缘有粗牙齿；基部羽片特大，长16～19厘米，宽6～7厘米，羽状，有2～7对侧生小羽片。孢子囊群线形，长达5厘米，稍近侧脉的基部，距叶边2～4厘米，生有分枝的长夹丝。

生于海拔1100～1300的杂木林下。

产于我国云南东南部马关、金口、老君山。

3. 亨利原始观音座莲

多年生草本，为国家二级保护植物。高80～120厘米。根状茎短呈直立状态，近肉质。叶簇生，叶片长40～60厘米，宽17厘米，卵形，一回羽状。孢子囊群线形，通直，长1～2厘米，位于中肋和叶边之间，彼此被等宽的间隙分开，隔丝红褐色，较长于孢子囊群。根粗壮、肉质、光滑。

喜生于热带季雨林中的阴湿生境。垂直分布多在海拔800米以下，特别是山坡下部沟谷边缘分布最多，植株也较高大。所在地为赤红壤或红壤，呈酸性。早春于根茎上萌发新叶芽，嫩时卷曲成球状，叶柄逐渐伸长，新叶也随之开展，逐渐成长，7～8月孢子囊群在叶背上显现，11月成熟。

仅分布于云南东南部局部地区，分布区日益缩减，有待加强保护。姿态奇异，叶片翠绿，是优美的阴生观赏植物。

4. 对开蕨

对开蕨是中国新记录植物种，仅产于长白山南麓和西侧局部地区，并且分布星散，如不加以保护，将有绝灭危险。属稀有种。其分布区域气候温凉、潮湿，土壤为酸性暗棕色森林土。多年生草本植物，根状茎粗短，横卧或斜生。本种的发现填补了对开蕨属在中国地理分布上的空白，具有一定的研究价值。

其叶形奇特，颇为耐寒，雪中亦绿叶葱葱，是珍贵的观赏植物。

其翻转叶的背面，可以发现沿叶的中脉有两列淡棕色排列整齐的线形孢子囊群，由此可以判断是蕨类植物，植物学家把它归属于铁角蕨科，取名为对开蕨。

对开蕨

5. 光叶蕨

蹄盖蕨科植物，濒危种，国家一级重点保护野生植物。主要分布在四川西部二朗山山地常绿落叶阔叶混交林下，由于过去盘山路的修建而破坏了其种群，可能已野外灭绝。

分布地区位于四川盆地西缘山地，地处"华西雨屏"的中心地带。气候特点是，终年潮显多雾，雨水多，日照少。

6. 苏铁蕨

苏铁别名铁树、凤尾蕉、凤尾松。属苏铁科：苏铁属。常绿木本植物。分布在我国东南部和南部沿海温暖湿润地区，其他各地均有栽培，在苏铁属植物中其栽培最为普遍，为传统的名贵观叶植物。

苏铁蕨不同于其他大多数喜荫凉、湿润环境的蕨类，它生长在干旱荒坡上，海拔上限1800米。本种生于山坡林下，喜阳光，在华南地区是园林绿化佳品，成片种植，极具大自然原野风情。也可盆栽观赏，置于庭院或公园，既具苏铁之庄重、高贵，又有蕨类之秀雅、飘逸。盆栽时还可在盆面上种些卷柏、翠云草等做装饰，别具一番情趣。

苏铁蕨是珍贵的古老植物，因外形类似苏铁而得名，被列为国家二级重点保护野生植物，主要分布于中国的台湾、广东、贵州、云南东南部和印度支那的部分地区，在福建省还没有资料记载。

苏铁蕨

苏铁蕨主产云南西双版纳州及河口、屏边、金平、绿春、富宁等县，台湾、福建、广东等省（区）也有。

7. 天星蕨

多年生陆生蕨类，为国家二级保护植物。根状茎横走，肉质粗肥，下面生出肉质粗长根。叶疏生或近生；有柄，柄长 30~40 米。宽约 1 厘米多汁肉质，干后扁平，基部有两片肉汁小托叶；叶片广卵形，长达 23 厘米，宽 17 厘米，基部心形，羽片 3 枝，分离，中羽片较大，阔镰刀形。中肋斜向上，先端渐尖，基部不等，上侧楔形，下侧圆形，无柄，上面光滑，脉上被红棕色短绒毛；侧脉斜上，平行，相距达 1.5 厘米，先端几达叶缘。聚合孢子囊群散生于侧脉之间，中空如钵，生与网脉连接点；由 10 余个肉质的孢子囊合生成圆形钵体，腹部有一纵裂口，向钵内放出孢子。

生于海拔约 900 米的雨林中，产于我国云南东南部（金平县）；印度和缅甸也有分布。

8. 桫椤科所有种

桫椤科，为国家二级保护植物。在分类学上属蕨类植物门、真蕨亚门、水龙骨目。它是蕨类植物中一个十分独特的类群。全世界约 500 种。我国有 2 属，14 种 2 变种。

桫椤科是陆生蕨类植物，通常为树状，乔木状或灌木状，茎粗壮，圆柱形，高耸，直立，通常不分枝（少数种类仅具短而平卧的根状茎），被鳞片，有复杂的网状中柱，髓部有硬化的维管束，茎干下部密生交织包裹的不定根，叶柄基部宿存或迟早脱落而残留叶痕于茎秆上，叶痕图式通常有 3 列小的维管束。

9. 蚌壳蕨科所有种

蚌壳蕨科，为国家二级保护植物。是金毛狗属物种，植株高大，密被金黄色长柔毛，孢子囊群生于叶背面，囊群盖两瓣开裂形似蚌壳状，革质；分布于热带地区及南半球。蚌壳蕨科（所有种）为国家二级重点保护野生植物（国务院 1999 年 8 月 8 日批准）。有 5 属；中国仅有 1 属 1 种（即金毛狗属金毛狗）。

蚌壳蕨科本属茎粗壮，木质平卧，有时转为直立，密被柔毛。叶同型，多回羽状分裂，裂片线形；叶脉分离。孢子囊群边缘着生，囊群盖两瓣状，革质，位于裂片基部近弯缺处；孢子四面形。约有 20 种，分布于热带东南亚、夏威夷及拉丁美洲。中国仅 1 种。河南也产。

10. 单叶贯众

单叶贯众，鳞毛蕨科植物，为国家二级保护植物。多年生草本植物。星散分布在贵州和云南东南部的石灰地区，数量极少。国家二级保护植物，属濒危种。

鳞毛蕨科属陆生中型植物。根状茎粗短，直立，偶横卧，密被鳞片。叶丛生，一至四回羽状复叶或分裂。孢子囊群圆形，孢群盖圆肾形。约 14 属，1700 种，是蕨类植物的最大科。常见的有贯众、两色鳞毛鳞、黑足鳞毛蕨、阔鳞鳞毛

单叶贯众

蕨、长尾复叶耳蕨等，均为亚热带森林中草本层的常见种。

分布于云南东南部西畴、麻栗坡和贵州西部石灰岩地区。原认为本种为中国特有，近年在越南北部和中部发现有分布。生长于海拔 1200～1700 米的石灰岩地区常绿阔叶林林下岩石隙中。海拔上限 1800 米生于石灰岩地区山脊的常绿阔叶林下岩石缝隙中。特产于中国西藏（波密）、云南西北部及四川西部。

11. 玉龙蕨

玉龙蕨属为国家一级保护植物。中国特有，玉龙蕨属于鳞毛蕨科，是中国特产的珍稀蕨类植物，仅产于西藏东部波密，云南西北部丽江、中甸，四川西南部木里、稻城海拔 4000 米以上的高山上。

玉龙蕨

其为多年生草本植物，根状茎短，直立或斜升。叶柄和叶轴表面都布满覆瓦状鳞片。鳞片棕色，老时成苍白色，边缘具细锯齿状睫毛。叶片线状披针形，具短柄，一回羽状或二回羽裂。孢子囊群圆形，在主脉两侧各排成一行，无盖。高 10～30 厘米。为

中国特有，产于西藏、云南及四川三省毗邻的高山上，零星分布于冰川边缘及雪线附近。由于生存环境恶劣，且每年仅有短暂的暖季，所以七八月间地表解冻后，在碎石间隙才见有零星散生的玉龙蕨茁壮成长。它是研究蕨类植物形态和功能统一性的良好材料。

主要生长在高山冻荒漠带，常见于冰川边缘或雪线附近，在碎石和隙间零星散生。暖季（7~8月）地表解冻后可短期迅速生长。为中国特产种，有重要的研究价值。

12. 七指蕨

七指蕨为国家二级保护植物。多年生草本植物。高30~55厘米。根状茎粗壮横走。近顶部生有一二片营养叶。孢子囊穗单生，常高出营养叶。分布于亚洲热带和澳大利亚，中国分布于台湾、海南和云南等地。嫩叶可作蔬菜食用，根状茎可供药用。清肺化痰，散瘀解毒，主治痨热咳嗽，咽痛，跌打肿痛，痈疮，毒蛇咬伤。

七指蕨为热带植物，生于湿润疏荫林下。分布于台湾、海南（五指山）和云南南部西双版纳。

13. 水韭属所有

叶细长丛生，螺旋状紧密排列，近轴面具叶舌，有大小孢子叶之分。茎的外周多为大孢子叶，而近中间多为小孢子叶。孢子囊生于孢子叶的叶舌下方的一个特殊的凹穴中，凹穴常被一些由不育细胞所组成的横隔片所隔开，外有缘膜。大孢子囊含大孢子150~300枚，小孢子囊含小孢子30万枚或更多。孢子囊没有适应散布孢子的特殊机构，仅靠孢子囊的壁腐烂后散发。配子体极度退化，有雌雄配子体之分，精子多鞭毛。水韭为国家一级保护植物。

水韭属大约70余种，绝大多数是亚水生或沼泽地生长的，我国有3种，最常见的为中华水韭，普遍分布于长江下游地区。

14. 水蕨属所有种

一年生的多汁水生（或沼生）植物。根状茎短而直立，下端有一簇粗根，上部着生莲座状的叶子，中柱体为网状，顶端疏被鳞片；鳞片为阔卵形，基部多少呈心脏形，质薄，全缘，透明。水蕨为国家二级保护植物。

叶簇生；叶柄绿色，多少膨胀，肉质，光滑，下面圆形并有许多纵脊，内含许多气孔道，沿周边有许多小的维管束；叶二型，不育叶片为长圆状三角形至卵状三角形，绿色，薄草质，单叶或羽状复叶，末回裂片为阔披针形或带状，全缘，尖头，主脉两侧的小脉为网状；能育叶与不育叶同形，往往较高，分裂较深而细，末回裂片边缘向下反卷达主脉，线形至角果形，幼嫩时绿色，老时淡棕色，由分枝基部伸出几条纵脉，纵脉间有侧脉相连；叶轴同叶柄一样，绿色，有纵脊，干后压扁；在羽片基部上侧的叶腋间常有一个圆卵形棕色的小芽胞，成熟后脱落，行无性繁殖。孢子囊群沿主脉两侧生，形大，几无柄，幼时完全为反卷的叶边所覆盖，环带宽而直立，由排列不整齐的 30～70 个加厚的阔细胞组成，裂缝明显或否；每个孢子囊产生 16 或 32 个孢子；孢子大，四面形，各面有明显的肋条状的纹饰。

15. 印度鹿角蕨

印度鹿角蕨是中南半岛产最大型的鹿角蕨。主要产地在热带和亚热带地区，生长于热带雨林，以树表的腐烂有机物为营养，用硬而光滑的蕨叶把持在树上。虽然它原产热带高温的雨林中，但适应力很强。叶分二型，一是孢子叶（生育叶），大型，伸展于空气中，分叉，状似鹿角，叶面被有茸毛，能生孢子，孢子囊群集生于叶端背面；二是营养叶（不育叶），叶片较小，呈圆、椭圆形或扇形，种类不同而异，密贴着生于附着物，重叠着生，初生时为嫩绿色，后变为纸质的浅褐色，有贮存养料和水分的功能。印度鹿角蕨为中国重点保护野生植物属国家二级。

16. 扇蕨

扇蕨，中国特有种。分布于西南地区，生于海拔 2000～2700 米处的阴湿常绿阔叶林和针阔混交林下或沟谷地段。国家三级保护渐危种。

扇蕨为中国珍稀特产，因其量极少被列为国家三级保护植物。渐危种。分布于中国西南地区亚热带山地林下，随着森林的砍伐，分布区日益缩减。为多年生草本，植株高达 75 厘米。喜阴耐湿，生于常绿阔叶林及针阔混交林下或沟谷地段。孢子秋冬季成熟。是中国特产的珍奇蕨类之一，在蕨类分类研究方面有学术价值。水龙骨科约 46 属 500 种，绝大部分为热带、亚热带典型的附生植物，中国约有 22 属 150 多种。其中典型代表是水龙骨属植物。

17. 中国蕨

中国蕨科植物为草本，根状茎直立或倾斜，稀横走，有管状中柱，被褐色至红褐色鳞毛。叶簇生；孢子囊群圆形或长圆形，沿叶缘小脉顶端着生，为反卷的膜质叶缘所形成的囊群盖包被；孢子囊球状梨形，有短柄；孢子球形、四面形或两面形。染色体：$X = 15$，（30），29。14 属，约 300 种，分布于亚热带地区，我国有 8 属，60 种，分布于全国各地。已知药用的 6 属，16 种。

裸子植物

1. 贡山三尖杉

常绿乔木。树皮紫色，光滑。叶披针形，中脉凸起，下面中脉绿色带宽于绿色边带，基部圆形。种子倒卵状椭圆形，假种皮绿褐色。生长于海拔 1900 米左右阔叶林中。叶子播种或扦插繁殖。木材纹理直，结构细密，质坚极富弹性，易加工，为建筑、车辆、家具及细加工等用材。假种皮含油率 38%，种仁含油 55%～77%，可榨油供制皂、油漆等工业用。全株可提取生物碱制药，对白血病及淋巴肉瘤有一定疗效。果实入药，有润肺、止咳、消食功效。

生长于滇西北贡山县独龙江上游沿岸海拔 1900 米的阔叶林中。本种分布区受孟加拉湾海洋性气候影响具典型海洋性气候特征；冬无严寒，夏无酷暑，降水特别丰富。贡山三尖杉为国家二级保护植物。

2. 篦子三尖杉

篦子三尖杉国家二级保护植物。常绿灌木或小乔木，高可达 6 米，树皮灰褐色，枝条轮生，小枝干时褐色，有明显的沟槽。叶条形，质硬，螺旋状着生，排成二列，叶缘彼此接触，通常中部以上向上微弯，长 1.5～3.2 厘米，宽 3～4.5 毫米，先端微急尖，基部截形或心脏状截形，近无柄，下延部分之间有明显沟纹，上面微凸，中脉不明显或稍隆起，或中下部较明显，下面有两条白色气孔带。雄球花 6～7 聚生成头状，直径约 9 毫米，梗长约 4 毫米，雌球花由数对交互对生的苞片组成，有长梗，每苞片腹面基部生 2 胚珠。种子倒卵形或卵圆形，长约 2 厘米，顶端中央有有凸尖，直径 1.8 厘米。花期 3～4 月，种子 9～10 月成熟。

在中国分布于江西、广西、湖南、湖北、贵州、四川、云南、等地。其叶形及其排列极为特殊，对于研究古植物区系很有价值。叶、枝、种子、根可提取多种药用植物碱。

3. 翠柏

翠柏为常绿直立灌木，国家二级保护植物。分枝硬直而开，小枝茂密短直。主要分布于云南中部及西南部，间断分布于贵州、广西及海南的个别地区。因其木材有香味，为家具和装饰的良好用材。

常绿直立灌木，分枝硬直而开，小枝茂密短直。叶披针状刺形，长 6～

10 毫米，3 枚轮生，两面均显著被白粉，果实卵圆形，长 0.6 厘米，初红褐色逐变为紫黑色；内具种子 1 粒。常绿乔木，高 15～30 米，胸径达 1 米；树皮灰褐色，呈不规则纵裂。

4. 红桧

红桧为台湾特产。国家二级保护植物。在台湾，红桧又尊称为"神木"，是裸子植物中属于柏科扁柏属的一种植物。它的枝叶有点像我们常见到的扁柏。红桧树高可达 60 余米，胸径达 6.5 米，是仅次于美国加州"世界爷"——红杉的又一种大树。

常绿大乔木，高可达 57 米，地上直径达 6.5 米；树皮淡红褐色，条片状纵裂；生鳞叶的小枝扁平，排成一平面。

5. 岷江柏木

岷江柏木国家二级保护植物。渐危种常绿乔木，高达 30 米，胸径达 1 米。分布于四川岷江流域、甘肃白龙江流域海拔 890～2900 米的峡谷两侧或干旱河谷地带。气候特点是冬季长而严寒，夏季温凉，干湿季明显。喜光耐旱，对坡向选择不严，多生于立地条件极差的悬崖陡壁。一般生长缓慢，花期 4～5 月，球果翌年夏季成熟。为中国特有，是长江上游水土保持的重要树种，也是高山峡谷地区中山干旱河谷地带荒山造林的先锋树种。

分布于四川、甘肃（舟曲、武都、文县）海拔 890 米以上 2900 米以下。

6. 巨柏

巨柏国家一级保护植物。西藏朗县米林到尼洋河中下游一带的河谷中，常有零星的柏树分布，塔形的树冠以及挺拔的树干十分惹眼，这即是西藏特有古树——巨柏，亦称为雅鲁藏布江柏树。巨柏分布于雅鲁藏布江朗县至米林附近的沿江地段，甲格以西分布较多，在其支流尼洋河下游林芝以及波密（易贡）也有分布。海拔 3000～3400 米江边之阳坡、谷地开阔的半阳坡及有石灰石露头的阶地阳坡之中下部，组成疏林，或在江边成行生长。为中

巨 柏

国珍稀、特有树种之一。材质优良，可作雅鲁藏布江下游的造林树种。

7. 福建柏

福建柏属常绿乔木。国家二级保护植物。分布于中国福建、江西、浙江和湖南南部、广东和广西北部、四川和贵州东南部等，以福建中部最多。木材轻，质地略软，纹理匀直，加工容易，干后材质稳定，是建筑、家具、细木工和雕刻的良好用材。树形美观、树干通直，为优良的园林绿化树种。

8. 朝鲜崖柏

朝鲜崖柏在长白山西南坡海拔 700～1800 米的地带，国家二级保护植物。生长着柏科的一种树木，称为朝鲜崖柏。由于长白山地处东北的东南，来自东面日本海和南部黄海潮湿气流的影响，纬度虽高，但气候温和而潮湿，形成特殊的自然环境，在这里火山灰形成的土壤，矿物质丰富，起伏的山坡上森林茂密，植被丰富。朝鲜崖柏就生长在如此优越的环境中，分布极为狭窄。

9. 苏铁属所有种（苏铁科）

苏铁国家一级保护植物。属分布于亚洲、大洋洲的热带和亚热带地区，我国有 8 种，产台湾、福建、广东、广西、云南及四川，供观赏用，种子入药；苏铁的髓心间可产西米（沙谷米），供食用。棕榈状植物；叶有鳞叶与营养叶两种，后者羽状深裂为多数线状披针形的裂片，两种叶成环交互着生于茎上；球花单性异株；雄球花（小孢子叶球）由多数扁形、换形的小孢子叶组成，每一小孢子叶下面有多数球形的花药，花药通常 3～5 个聚生，药室纵裂；雌球花由一束、扩展的大孢子叶组成，着生于树干顶部羽状叶与鳞叶之间。

10. 银杏（银杏科）

银杏为落叶乔木，国家一级保护植物。5 月开花，10 月成熟，果实为橙黄色的种实核果。银杏是一种孑遗植物。和它同门的所有其他植物都已灭绝。银杏是现存种子植物中最古老的孑遗植物。变种及品种有：黄叶银杏、塔状银杏、裂银杏、垂枝银杏、斑叶银杏。

分布于江苏省沭阳县、泰兴市、邳州市铁富镇、港上镇和山东省郯城县，其中江苏省泰兴市的银杏果以其个大、品种好被称为"大佛指"、山东省郯城县郯城金坠、马铃、郯城圆铃等，泰兴银杏年产量占全国的 1/3，山东郯城为银杏苗木及银杏叶主产区，"泰兴大佛指白果"被 1999 年昆明世博会指定为唯一享有永久性冠名权的"无公害白果"，2007 年被授予绿色食品、有机食品、地理标志产品的称号。湖北安陆市王义贞镇是一个集老区、山区、边区于一身的乡镇。境内有中原地区最大的古银杏群落，其中千年以上的古银杏 48 株，500 年以上的古银杏 1036 株，百年以上的 4370 株。截至目前各种规格的树木齐全，是目前中国各大城市绿化苗木的主要供应基地，"世界银杏看中国，中国银杏看江苏，江苏银杏看邳州，邳州银杏看铁富"。其次东北的丹东也有少量出产，其余的地方只是零散分布。

11. 百山祖冷杉（松科）

百山祖冷杉为国家一级保护植物，现状濒危种。百山祖冷杉系近年来在我国东部中亚热带首次发现的冷杉属植物。由于当地群众有烧垦的习惯，自然植被多被烧毁，分布范围狭窄。加以本种开花结实的周期长，天然更新能力弱。目前在自然分布仅存林木 5 株，其中一株衰弱，一株生长不良。

仅分布于浙江南部庆元县百山祖南坡海拔约 1700 米的林中。

12. 秦岭冷杉

秦岭冷杉为国家二级保护植物。常绿乔木，为中国特有珍稀濒危植物。常分布于秦岭，因生于阴坡及山谷溪旁的密林中，多数植株常不结实，仅在光照较好处的成岭植株能正常结实，但有隔年结实现象，种子易遭鼠类啃食，天然更新较差，加上过度采伐，分布面积日益缩小，植株数量逐渐减少，因此有着"植物活化石"之称。

分布于河南西南部、鲁山、嵩县、栾川、卢氏、灵宝等县及湖北西部房县、神农架、巴东，陕西南部山岚皋、石泉、宁陕、华县、长安、周至、太白山、佛坪、留坝、略阳、华阴，甘肃南

秦岭冷杉

部天水、武都，舟曲和迭部等地。群落零星分布于海拔 1800 米以上的巅峰和岭脊，以河南鲁山县石人山国家级自然保护区分布的种群面积较大。

13. 梵净山冷杉

梵净山冷杉（平枝杉）为中国贵州省特有种，为国家一级保护植物。亦为第四纪残遗植物。仅残存于梵净山的局部地段，分布区极其狭窄，数量稀

少，加上结实率低，自然更新不良，需加以保护才不致灭绝。

仅分布于贵州东北部江口，松桃、印江三县交界的梵净山，海拔2100～2300米的烂茶顶、白云寺及锯齿山一带，多限于山体上部的北坡。

14. 元宝山冷杉

元宝山冷杉为国家一级保护植物。常绿乔木，高达25米，树干通直，树皮暗红褐色，不规则块状开裂；小枝黄褐色或淡褐色，无毛；冬芽圆锥形，褐红色，具树脂。叶在小枝下面列呈二列，元宝山冷杉分布于中亚热带中山上部，生于以落叶阔叶树为主的针阔叶混交林中。适于生长在中亚热带山地，以落叶阔叶树为主的针阔叶混交林中。幼树耐荫蔽，成长后喜光，耐寒冷。生长较慢，一般每隔3～4年结果一次。5月开花，10月果熟。元宝山冷杉为珍稀濒危植物。它在广西的发现，为研究中国南方古代植物区系的发生和演变以及古气候、古地理，特别是对第四纪冰期气候的探讨有学术价值。

元宝山冷杉是近来首次在广西境内发现的冷杉属植物之一，仅产融水县元宝山。为古老的残遗植物，现存百余株，多为百龄以上的林木。由于结实周期较长（3～4年），松鼠为害和林下箭竹密布，天然更新不良，林中很少见到幼树。极需采取保护措施，以利物种的繁衍。

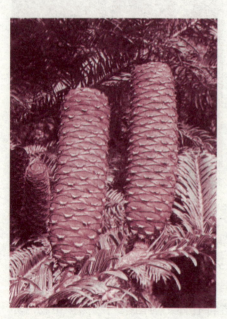

资源冷杉

15. 资源冷杉

资源冷杉是国家一级保护植物。常绿乔木，高20～25米，胸径40～90厘米。树皮灰白色，片状开裂。叶片先端有凹缺，树脂道边生。球果直立，椭圆状圆柱形，成熟时暗绿褐色。仅分布于广西资源和湖南新宁、城步，散生于海拔1500～1850米处的针阔混交林内。现存多属老树，自我更新不良，有可能被阔叶树种更替。

最早发现于炎陵桃源洞国家森林公园，也称大院冷杉。分布于广西（资源）、湖南（新宁、城步、炎陵）。

16. 银杉

银杉是国家一级保护植物，是300

万年前第四纪冰川后残留下来至今的植物，中国特有的世界珍稀物种，和水杉、银杏一起被誉为植物界的"国宝"，国家一级保护植物。银杉是松科的常绿乔木，主干高大通直，挺拔秀丽，枝叶茂密。银杉雌雄同株，雄球花通常单生于两年生枝叶腋；雌球花单生于当年生枝叶腋。球果两年成熟，呈卵圆形。

分布于广西北部龙胜县花坪及东部金秀县大瑶山，湖南东南部资兴、桂东、雷县及西南部城步县沙角洞，重庆金佛山、柏枝山、箐竹山与武隆县白马山，贵州道真县大沙河与桐梓县白芷山。生于海拔940～1870米地带的局部山区。

17. 台湾油杉

台湾油杉，国家二级保护植物。台湾四奇木之一。油杉仅产于台湾及中国大陆，台湾油杉为台湾特有种。仅在北部坪林一带和南部大武山区，于400～700米的棱线或山坡上，发现有天然植群，呈不连续破碎分布于台湾南北两端，是台湾省明令保护的稀有植物。

18. 海南油杉

海南油杉为国家二级保护植物。常绿乔木，高达30米，胸径达1～2米；树皮灰黄色或灰黄褐色，粗糙，不规则纵裂；小枝无毛；冬芽卵圆形，芽鳞多数，宿存于小枝基部呈鞘状。叶辐射状散生，线状披针形或线形，微弯或直，长5～8厘米，宽3～4毫米，先端的尖而钝，基部楔形，具短柄，两面中脉隆

海南油杉

起，上面沿中脉两侧各有4～8条气孔线，下面有两条灰绿色气孔带。雄球花5～8个簇生枝顶或叶腋，雌球花单生侧枝顶端。

海南油杉为海南特有的珍稀树种。分布区杉狭小，林木株数亦甚少，急需加强保护，大力育苗、造林，以免灭绝。

19. 柔毛油杉

柔毛油杉为国家二级保护植物。为常绿大乔木，高30米，胸径1.6米。树皮暗褐色或灰褐色。柔毛油杉柔毛油杉分布区的气候为中亚热带季风性湿润气候。柔毛油杉林在国内十分罕见，而且生长良好，具有多重功效。

柔毛油杉是中国特有植物。仅零星分布于广西北部、湖南南部、西南部、贵州仅产榕江、雷山、黎平、镇远、剑河、石阡、梵净山等地，原有分布记录的从江、瓮安、松桃等地因破坏严重，导致柔毛油杉数量大减。

20. 太白红杉

太白红杉为国家二级保护植物。落叶乔木，高达 8～15 米，胸径可达 60 厘米。仅于秦岭中部高山地带有成片纯林或小块天然林，其余均星散分布在陕西部分海拔 2600～3600 米地区。喜光、耐旱、耐寒、耐瘠薄并抗风。因高寒地带立地条件差，生长期短，所以生长缓慢。花期 5～6 月，球果 9 月成熟。为中国特有树种，是秦岭山区唯一生存的落叶松属植物。

21. 四川红杉

四川红杉为国家二级保护植物。落叶大乔木，高达 30 米，胸径达 80 厘米；树皮灰褐色或暗褐色；小枝下垂，当年长枝淡黄褐色或棕褐色，老枝黄灰色或灰黑色；短枝顶端叶枕之间密生淡褐黄色柔毛。叶在长枝上螺旋状散生，在短枝上呈簇生状，线形，长 1.2～3.5 厘米，宽 1～1.2 毫米，上面中脉凸起，下面中脉两侧各有 3～5 条气孔线。

分布于四川盆地西北缘山地，地处大雪山至邛崃山以东，四川岷江流域，大渡河流域，涪江上游。

22. 油麦吊云杉

中国特有树种，国家二级保护植物。常绿乔木，高 15～30m。树皮灰色，裂成薄鳞片状块片脱落。球果成熟时红褐色、紫褐色或深褐色。产于湖北西部、陕西东南部、四川东北部、北部及岷江流域上游、甘肃南部白龙江流域，生于海拔 1300～

油麦吊云杉

3200 米，常与青杆、云杉、铁杉、冷杉混交或散生于针阔叶混交林中。

23. 大果青杆

大果青杆是国家二级保护植物。常绿乔木，高 15～25 米，胸径 50 厘米；树皮灰色，裂成鳞片状脱落；小枝具凸起的叶枕，基部有紧贴而宿存的芽鳞，一年生枝淡黄色或淡黄褐色，无毛，2～3 年生枝淡黄灰色或灰色，老枝暗灰色；冬芽卵圆形或圆锥状卵圆形，微具树脂，芽鳞淡紫褐色。

零散分布于河南西南部内乡，湖北西部兴山，巴东、神农架，陕西南部户县、宁陕、佛坪、周至、太白、留坝、凤县，甘肃天水、徽县、岷县、舟曲等地。多生于海拔 1300～2200 米间的山坡针阔混交林中。

24. 兴凯赤松

兴凯赤松是国家二级保护植物。乔木，高达 20 米，树皮红褐色或黄褐色，树干上部的树皮淡褐黄色；一年生枝淡褐色或淡黄褐色，新枝有白粉，老枝内皮红色，冬芽赤褐色，长卵圆形，顶端尖，稍有树脂。阳性树种，耐干旱及贫瘠土壤，抗风，常生于湖边沙堤、沙丘上，或山顶岩石裸露石砾土上。

分布于密山（兴凯湖沙堤）、鸡西（和平林场等）、鸡东及穆棱。

25. 大别山五针松

大别山五针松，俗称青松、果松，为我国特有的树种，是国家二级保护植物。是一种常绿乔木，成年后有 30 多米高，直径可达半米。材质轻软，树脂多，经久耐用，是很好的山地造林树种。这种松的种鳞鳞盾先端肥厚、有明显反卷，叶形 5 针一束且短，材质、生态习性与其他松迥然不同。是面临濒危的我国特有珍稀树种之一。

仅分布于安徽、湖北两省交界海拔 700～1200 米的中山地带。面积较少，一直鲜为人知。

26. 红松

红松又名果松，是国家二级保护植物。常绿针叶乔木。幼树树皮灰红褐色，皮沟不深，近平滑，鳞状开裂，内皮浅驼色，裂缝呈红褐色，大树树干上部常分杈。心边材区分明显。边材浅驼色带黄白，常见青皮；心材黄褐色微带肉红，故有红松之称。

主要分布在我国东北长白山到小兴安岭一带，红松材质轻软，不易变形，耐腐能力强，适用于建筑、桥梁、枕木、家具制作等。

27. 华南五针松

华南五针松，又名广东五针松是国家二级保护植物，常绿乔木，高达 30 米，胸径 50～150 厘米；树皮褐色，裂成不规则的鳞状片块；枝轮生，平展；1 年生枝淡褐色，无毛；冬芽微有树脂。

分布零星，数量少，主要见于南岭山地。该树种生态适应性较强，在中亚热带和北热带地区均能生长，能适应多种土壤，在悬崖陡壁的严酷生境上较常

见，可形成小片森林。为阳性树种，在较密的木林中，天然更新困难。

28. 巧家五针松

巧家五针松是国家一级保护植物。常绿乔木，老树树皮暗褐色，呈不规则薄片剥落，内皮暗白色；冬芽卵球形，红褐色；当年生枝红褐色，密被黄褐色及灰褐色柔毛，稀混生腺体，两年生枝无毛。

仅限于云南东北部巧家县白鹤滩镇与中寨乡交界的山脊两侧，范围约 5 平方千米，生长在深切割中山上部。

29. 长白松

长白松学名美人松，是国家一级保护植物。生长于长白山二道白河，和平营有纯或单株散生。属长绿乔木，高 25～30 米，直径 25～40 厘米。树冠椭圆形或扁卵状三角形或伞形等。树干下部树皮棕褐色，深龟裂，裂片呈不规则长方形，上部棕黄色至红黄色，薄片状剥离，微反曲。美人松因形若美女而得名，是长白山独有的美丽的自然景观。

30. 毛枝五针松

毛枝五针松是国家一级保护植物。常绿乔木，高达 20 米，胸径达 60～100厘米；树皮呈不规则块状开裂；一年生枝暗红褐色，密被褐色柔毛；冬芽无树脂。针叶先端急尖，边缘有细齿，腹面两侧各有 5～7 条气孔带，横切面三角形，有 3 个中生树脂道；叶鞘早落；鳞叶不延下生长，脱落。

毛枝五针松不仅分布区极狭窄，而且数量极少，仅零星分布于云南东南部石灰岩山区。由于森林破坏严重，分布区内许多山岭已经光秃，仅在悬崖峭壁上偶有残存。

31. 金钱松

金钱松又名金松，是国家一级保护植物。水树，是落叶大乔木，属松科。树干通直，高可达 40 米，胸径 1.5 米。树皮深褐色，深裂成鳞状块片。枝条轮生而平展，小枝有长短之分。叶片条形，扁平柔软，在长枝上成螺旋状散生，在短枝上 15～30 枚簇生，向四周辐射平展，秋后变金黄色，圆如铜钱，因此而得名。金钱松的花雌雄同株，雄花球数个簇生于短枝顶端，雌花球单个生于短枝顶端。花期四五个月，球果 10 月上旬成熟。种鳞会自动脱落，种子有翅，能随风传播。

本种分布于江苏南部、安徽南部、浙江西部、江西北部、福建北部、四川东部和湖南、湖北等地。多生长于低海拔山区或丘陵地带，适宜温凉湿润气候。现已作为造林绿化树种，广为栽植。

32. 黄杉属所有种

黄杉属所有种是国家二级保护植物。松科，18 种，分布于美洲西北部和东亚，我国有 5 种，产西南、中南、东南至台湾。常见种有黄杉和台湾黄杉等，为重要材用树种，木材有树脂道，材质良好，供建筑、桥梁、车辆、家具用。常绿乔木；冬芽短尖；叶线形，扁平，多少 2 列，上面有槽，背面有白色的气孔带，叶落后有圆形叶痕；球花单生；雄球花腋生，圆柱状；雄蕊多数，各有 2 花药，药隔顶有短距。

33. 台湾穗花杉

台湾穗花杉是国家一级保护植物。常绿小乔木，高可达 10 米，胸径 30 厘米，叶呈镰刀状，长 5～8.5 厘米，表面深绿色且具光泽，里面具两条白色气孔带，叶缘反卷雌雄异株，雄花序穗状，3～5 穗生长于小枝顶端。

为古老的残遗植物，分布在台湾南部中央山脉海拔 700～1300 米间天然阔叶林，如姑子仑山，南大武山，大汉山，浸水营，茶茶牙赖山，草埔，里龙山，在岭线两侧呈带状不连续分布。

34. 云南穗花杉

云南穗花杉是国家一级保护植物。常绿小乔木，高 5～12 米。叶条形或披针状条形，端直，叶背气孔带淡褐色或淡黄白色，宽度为绿色边 2～3 倍。雄球花对生成穗状，4～6 穗聚生枝顶。种子椭圆形，假种皮红紫色。零星分布于云南东南部及贵州西南部。由于森林采伐过度，致使数量明显减少，有灭绝的危险，被列为国家一级保护植物。

云南穗花杉

35. 白豆杉

白豆杉是国家一级保护植物。我国稀有树种。常绿灌木或小乔木，高达 4 米。星散分布于浙江、江西、湖南、广西和广东海拔 900～1400 米陡坡深谷密林下或悬岩上。为雌雄异株，天然更新困难。阴性树种，喜荫蔽。根系发达，种子有休眠期，需隔年发芽。幼树生长缓慢，雌株结实不稳定，受孕率低。花期 3~4 月，种子于 9~10 月成熟。是第三纪残遗的单种属植物，有研究价值。

36. 红豆杉属所有种

红豆杉属植物均一是国家一级保护植物。为常绿乔木或灌木，雌雄异株、异花授粉。球花小，单生于叶腋内，早春开放。雄球花为具柄、基部有鳞片的头状花序，有雄蕊 6~14，盾状，每一雄蕊有花药 4~9 个；雌球花有一顶生的胚珠，基部托以盘状珠托，下部有苞片数枚。种子坚果状，球形，着生于红色肉质杯状假种皮中，当年成熟。

分布于甘肃南部、陕西南部、湖北西部、四川等地。华中区多见于 1000 米以上的山地上部未干扰环境中。华南、西南区多见于 1500~3000 米的山地落叶阔叶林中。相对集中分布于横断山区和四川盆地周边山地。木材耐腐，可供土木工程用材；还可供园林绿化用；种子含油率达 60%。

37. 榧属所有种

榧属所有种为国家二级保护植物。常绿乔木，高可达 25 米，树干端直，树冠卵形，干皮褐色光滑，老时浅纵裂，冬芽褐绿色常 3 个集生于枝端，小枝近对生或近轮生，叶条形，长 1.2~2.5 厘米，宽 2~4 毫米，螺旋状着生，在小枝上呈两列展开，叶端具刺状尖头，基部聚缩成短叶柄，叶表深绿光亮，微凹而中脉不显，叶背中脉两侧有两条与中脉等宽的黄色气孔带，雌雄异株，雄球花单生于叶腋，雌球花对生于叶腋，种子大形，核果状，长 2~4 厘米，为假种皮所包被，假种皮淡紫红色，被白粉，种皮革质，淡褐色，具不规则浅槽，花期 5 月，果熟翌年 9 月。

为中国原产树种。主产江苏南部、浙江、福建、江西、安徽、湖南、贵州等地，以浙江诸暨分布最多。

38. 水松

水松属落叶或半落叶乔木，为国家二级保护植物。该属仅此一种，是世界孑遗植物，中国特有树种。水松属在第三纪不仅种类多而且广布于北半球，到第四纪冰期以后，欧洲、北美、东亚及中国东北等地均已灭绝，仅残留水松一种，分布于中国南部和东南部局部地区。

半常绿性乔木，高达 25 米，胸径 60~120 厘米；树皮褐色或灰褐色，裂成不规则条片。内皮淡红褐色；枝稀疏，平展，上部枝斜伸。

39. 水杉

水杉是国家一级保护植物。落叶乔木，杉科水杉属唯一现存种，中国特产的孑遗珍贵树种，有植物王国"活化石"之称。已经发现的化石表明水杉在中生代白垩纪及新生代曾广泛分布于北半球，但在第四纪冰期以后，同属于水杉属的其他种类已经全部灭绝。而中国川、鄂、湘边境地带因地形走向复杂，受冰川影响小，使水杉得以幸存，成为旷世的奇珍。武汉市将水杉列为市树。

水 杉

40. 台湾杉

台湾杉是国家二级保护植物，分布在中亚热带季风气候区的一种常绿乔木，为第三纪古热带植物区孑遗植物，属于国家一级保护植物，它的树皮淡灰褐色，裂成不规则长条形，树冠成锥形，为我国台湾的主要用材树种之一。台湾杉的主要分布于雷公山。

被子植物

1. 芒苞草

芒苞草是国家二级保护植物。多年生草本。丛生，矮小。根状茎缩短。叶基生，或簇生枝顶，半圆柱状，两面各具一纵沟近基部具鞘；鞘披针形，下部与叶贴生。花顶生于小枝顶，无梗。花序和花梗上具带芒的苞片和小苞片。叶片针形，腹面近半圆形，具两条肋纹，背面扁平，具纵沟；基部具膜质、半透明的鞘。芒苞草科的花葶为叶茎复合结构，为迄今所发现的最为特殊的花葶结构类型，也是单子叶植物中首次发现的类型。仅产于四川的康定、道孚、九龙、乡城等县及西藏东南部察雅。

梓叶槭

2. 梓叶槭

梓叶槭是濒危种。是国家二级保护植物。为中国特有种，零星分布于四川中部平原，散生在亚热带海拔 500 ~ 1300 米的常绿阔叶林中。分布区气候温暖潮湿、雾期长、雨多。梓叶槭木材优良，供建筑及制作器具用。

落叶大乔木，高 20 ～ 25 米，胸径可达 1 米左右。单叶对生，纸质，卵形或长卵形，长 10 ～ 20 厘米，宽 5 ～ 9 厘米，基部圆形，顶端尾状钝尖，不分裂或在中部以上具 2 不发育的裂片，下面脉腋具黄色丛毛，叶脉在上面微凹，下面显著；叶柄长 5 ～ 14 厘米。

3. 羊角槭

羊角槭数量极少，是国家二级保护植物。仅分布于浙江西天目山狭窄的范围，长势已衰退。该植物种子不孕率高，天然更新能力很弱，已经陷入灭绝的险境，被列为国家二级保护植物。羊角槭是古老的残遗种，对研究植物地理学和古植物学有一定的价值。落叶乔木，高 15 米，胸径 60 厘米，主干略带扭曲状；树皮灰褐色或深褐色，具发达的木栓；小枝圆柱形，嫩枝淡紫色或紫绿色，被褐色或淡黄色短柔毛。

4. 云南金钱槭

云南金钱槭为国家二级保护植物。落叶乔木，树皮灰色，平滑，冬芽裸露。单数羽状复叶，小叶纸质，9 ～ 15 枚，着生于叶轴上，顶生小叶片基部楔形。侧生小叶片基部歪斜，小叶片披针形或长圆状披针形，先端钝尖或尾状锐尖，边缘具很稀疏的粗锯齿，中脉上下面均被短毛，侧脉 13 ～ 14 对，下面被短柔毛。花杂性，花瓣白色。小坚果扁圆形。生长于海拔 1800 ～ 2500 米的疏林中。产于蒙自、文山等县。本属有 2 种，为我国特有种，稀有种。

5. 长喙毛茛泽泻

长喙毛茛泽泻是泽泻科的水生小草本，为国家二级保护植物。该属仅有两种（另一种分布于非洲），对研究植物系统进化有重要学术价值，被列为国家一级重点保护野生植物。

多年生沼生植物。具纤匐枝。叶基生；叶柄细，长 10 ～ 25 厘米，基部鞘状；叶片宽椭圆形或卵状椭圆形，膜质，长 3 ～ 6 厘米，宽 1.5 ～ 3.5 厘米，顶端锐尖，基部心形或钝，具纤毛。

6. 浮叶慈菇

浮叶慈菇为国家二级保护植物。根状茎横生，较粗壮，顶端膨大成球茎，长 2 ～ 4 厘米，径约 1 厘米。土黄色，高约 1 米。产于东北、华北、西北、华东、华南、西南等地，上海地区有野生分布。

7. 富宁藤

富宁藤为国家二级保护植物。大型木质攀缘藤木。叶椭圆形，侧脉稀疏，

10 ~ 13 对。叶对生，矩圆状椭圆形，长 8 ~ 14 厘米，全缘。伞房状聚伞花序；花冠黄色，短高脚碟状，径约 2 厘米；花期 2 ~ 9 月。蓇葖果 2 枚，合生，果期 8 月至翌年 3 月。单种属植物。粗壮木质藤本，具乳汁。富宁藤产于中国云南、贵州。

富宁藤

8. 蛇根木

蛇根木为国家二级保护植物。灌木，高达 60 厘米，除花冠筒内面上部被长柔毛外，其余均无毛；茎被稀疏皮孔。根含利血平和血平定等生物碱 28 种以上，总含量 0.5% ~ 2%，是治疗高血压病症主要药物原料。叶、茎皮、根可药用，民间用作退热、打癞、虫及蛇咬伤的药物。

生于山地林中，西双版纳、昆明等地有栽培。广东、广西也有栽培。分布于印度、斯里兰卡、缅甸、泰国、印度尼西亚等。

9. 驼峰藤

驼峰藤为国家二级保护植物。木质藤本，长约 2 米，多分枝，全部无毛或叶背脉上、花序梗、花梗及花萼上有时略有长柔毛。产于广东高要及海南。生长于低海拔至中海拔山地林谷中。

10. 盐桦

盐桦为国家二级保护植物。落叶小乔木或直立大灌木，高 3 ~ 4 米；树皮灰褐色；小枝灰褐色，密被白色短柔毛及黄色树脂腺体。生长于河流下游低洼潮湿的盐碱滩上。为中性树种，喜光照和潮湿土壤，耐盐碱，也耐寒冷干旱。

盐桦是极为稀有和即将绝灭的温带落叶阔叶树种，为新疆阿勒泰特有种。盐桦仅产于新疆阿勒泰市境内克朗河的下游，是我国

盐 桦

著名的植物学家秦仁昌教授发现定名的新种，分布范围极为狭小。

11. 金平桦

金平桦是国家二级保护植物。乔木；枝条灰色，后渐变为暗褐色，无毛。叶厚纸质，矩圆状披针形，长 7～10 厘米，宽 3.5～5 厘米，上面无毛，下面除脉上多少被长柔毛外，余则无毛，有稀疏腺点，顶端渐尖，基部圆形，边缘具不规则的细锯齿。仅见于云南东南部金平。

12. 普陀鹅耳枥

普陀鹅耳枥是国家一级保护植物。落叶乔木，高达 14 米，胸径 70 厘米。雌雄同株。雄花序短于雌花序。为中国特有珍稀植物，现仅存一株，在保存物种和自然景观方面都有重要意义。是国家一级保护濒危种。

天台鹅耳枥

生长于海拔 240 米的陵上坡林缘。具有耐阴、耐旱、抗风等特性。雄、雌花于 4 月上旬开放，果实于 9 月底 10 月初成熟。只产于舟山群岛普陀岛。

13. 天台鹅耳枥

天台鹅耳枥是国家二级保护植物。乔木，高 16～20 米；树皮灰色；小枝棕色，无毛或疏被长软毛。叶革质，卵形、椭圆形或卵状披针形，长 5～10 厘米，宽 3～5.5 厘米，顶端锐尖或渐尖，基部微心形或近圆形。为中国的特有植物。分布在浙江等地，生长于海拔 850 米的地区，多生长于林中，目前尚未由人工引种栽培。

14. 天目铁木

天目铁木是国家一级保护植物。现仅存 5 株，稀有种。天目铁木是中国濒危物种。天目铁木是落叶乔木，高可达 21 米，胸径达 1 米。仅分布于浙江西天目山，目前只存 5 株且损伤严重。雄花序 7 月显露，次年 4 月开放，雌花序随当年生枝伸展而出，4 月中叶全展，9 月中果熟，11 月中落叶。

15. 伯乐树

伯乐树是国家一级保护植物。又名山桃树、钟萼木，分布于亚热带温暖湿润的季风气候区，常生于海拔500～2000米的沟谷、溪旁坡地。乔木，高20～25米，小枝粗壮，无毛，有大而椭圆形叶痕，疏生圆形皮孔。奇数羽状复叶，总状花序长20～30厘米，蒴果鲜红色，椭圆球形，种子近球形。它在研究被子植物的系统发育和古地理、古气候等方面都有重要科学价值，并被国家列为一级保护植物。星散分布于浙江、福建、广东、广西等地。

16. 拟花蔺

拟花蔺是国家一级保护植物。叶基生，椭圆形或椭圆状披针形，长8～15厘米，宽2.5～5厘米，顶端锐尖，基部楔形，柄长12～16厘米，基部鞘状。分布于东北、内蒙古、河北、山西、陕西、新疆等地。

17. 七子花

七子花是国家二级保护植物。姿态优美，花期长；树干洁白、光滑，可与紫薇媲美；花形奇特，花色红白相间，繁花集于长花序，远望酷似群蜂采蜜，甚为奇观。七子花可作为优良的园林绿化观赏树种，具有较高的经济价值。

通常分布于海拔600～1000米低山坡、山沟溪边灌丛中，或毛竹林边缘，很少生长在山顶和山。3月中下旬展叶，5月上中旬既可见到花蕾，到7月初才开花，花期较长，可延至9月上旬，果实于10成熟。分布于湖山、浙江及安徽省的部分地区。由于多年砍伐，植株数量不断减少。

七子花

18. 金铁锁

金铁锁是国家二级保护植物。金铁锁茎披散平卧或斜上升，高15～25厘米，黄色或紫色，被腺毛。叶卵形，稍肉质分布于云南西北部德钦、中甸、维西、宁蒗、丽江、剑川、永胜及昆明、东川，西藏东部林芝、芒康，四川西闻至西南部巴塘、乡城、稻城、木里、米易及贵州西部威宁，海拔900～3800米地带。有药用价值。

19. 膝柄木

膝柄木是国家一级保护植物。属植物中分布最北的一个种，目前仅在广西海岸发现 3 株成年树和 7 株幼树，是我国几乎绝迹的特有种、濒危种，国家一级保护植物。半常绿乔木，高 13 米，胸径 60 厘米；树皮黄褐色，有发达的板状根；小枝粗壮；芽圆锥形，芽鳞 2~3，三角状卵形，长 5~8 毫米。

20. 十齿花

十齿花是国家二级保护植物，属于卫矛科，落叶小乔木，高 3~13 米，胸径 33 厘米。生长于海拔 800~2400 米的热带、中亚热带山地。为偏阳性树种，但也能耐一定的蔽荫。热带通常 3 月、中亚热带通常 4 月展叶，4~5 月开花，9~10 月果实成熟，叶变为红色，10~11 月落叶。分布于西藏、云南、贵州、广西等省的部分县区。印度和缅甸也有分布。由于森林遭到破坏，其分布范围缩减，亟待加强保护。

十齿花

21. 永瓣藤

永瓣藤是国家二级保护植物。落叶藤状灌木，高 6 米以上。分布于安徽和江西局部海拔 150~1000 米的山谷、沟边或山坡林中。多攀援于常绿或落叶阔叶林的林木之上，9~10 月开花。为中国特有的单种属植物，对研究卫矛科系统发育及地理分布有科学价值。

22. 连香树

连香树为连香树科连香树属是国家二级保护植物。落叶乔木，高 10~20 米，胸径达 1 米；树皮灰色，纵裂，呈薄片剥落；小枝无毛，有长枝和矩状短枝，短枝在长枝上对生；无顶芽，侧芽卵圆形。星散分布于皖、浙、赣、鄂、川、陕、甘、豫及晋东南地区，数量不多。不耐阴，喜湿，多生于海拔 400~2700 米的向阳山谷、沟旁低湿地或杂木林中。